钢结构制图与识图

主　编　刘　放
副主编　陈　纲
主　审　戴　维
参　编　饶建波　周　岚　涂　琳

哈尔滨工程大学出版社

内 容 简 介

本书针对读者的特点,从识读钢结构施工图的基本知识出发,分为两大部分 10 个章节,从读图必须掌握的投影基本知识讲起,介绍了施工图的通用表达方法以后,讲解了钢结构施工图的识读方法和技巧。钢结构工程图纸的识读部分主要涉及了钢结构门式刚架施工图的识读,厂房钢结构施工图的识读,多、高层钢结构施工图的识读以及钢结构围护体系施工图的识读,实例均选自设计单位的工程图和标准图集。

本书内容系统、理论联系实际,可作为钢结构专业师生的教学用书,也可以供钢结构制造、施工技术人员和钢结构设计初学者阅读参考。

图书在版编目(CIP)数据

钢结构制图与识图/刘放主编. —哈尔滨:哈尔滨
工程大学出版社,2012.11(2020.1 重印)
ISBN 978 - 7 - 5661 - 0470 - 0

Ⅰ.①钢… Ⅱ.①刘… Ⅲ.①建筑结构 - 钢
结构 - 建筑制图 - 识别 - 高等学校 - 教材 Ⅳ.①TU204

中国版本图书馆 CIP 数据核字(2012)第 274693 号

出版发行	哈尔滨工程大学出版社
社　　址	哈尔滨市南岗区南通大街 145 号
邮政编码	150001
发行电话	0451 - 82519328
传　　真	0451 - 82519699
经　　销	新华书店
印　　刷	北京中石油彩色印刷有限责任公司
开　　本	787 mm × 1 092 mm　1/16
印　　张	11.25
字　　数	278 千字
版　　次	2013 年 1 月第 1 版
印　　次	2020 年 1 月第 2 次印刷
定　　价	24.00 元

http://www.hrbeupress.com
E - mail:heupress@ hrbeu. edu. cn

前　　言

随着我国钢铁工业的发展和钢产量的增加,以及钢结构以其强度高、抗震性能好、施工周期短等优点,在我国大中型工程中大量采用,但是由于各方面的原因,目前从事钢结构技术的人员和工人严重缺乏。关于钢结构方面的书籍也远不如混凝土等其他结构的书籍丰富。

钢结构建造技术专业的学生,长期以来没有合适的制图与识图的教材,常以建筑制图与识图来替代,鉴于此本教材将建筑制图基本理论和钢结构识图技能训练融为一体,基于理论和实践相结合的原则,编写了本教材。新编教材同时遵循高等教育教学规律,适应现代高等教育的发展趋势,体现先进的教育理念,突出高职高专对学生应用技能的培养要求,专业理论知识以"必须、够用"为度,职业技能的培养贯穿在精心设计的训练项目中,同时将理论知识融入技能训练的教学中,学生最终获得相关职业活动所需要的知识、技能和素质。在教材内容上以钢结构识图人员、设计和施工人员的实际需要出发,首先从读图必须掌握的投影基本知识讲起,以实际的工程设计图和图集为依据,内容全面、系统、完整,涵盖了识读钢结构设计施工图所需的全部基本知识,适合高职高专院校钢结构建造专业或相关专业师生教学使用,也可供从事钢结构设计、施工的技术人员学习参考。

本书由武汉船舶职业技术学院刘放担任主编(编写第6,9,10章),陈纲担任副主编(编写第7,8章),参加编写的还有饶建波(编写第1章)、周岚(编写第2,3,4章)、涂琳(编写第5章)。全书由中建钢构公司戴维工程师主审。本书在编写过程中得到了一些设计和施工单位的技术人员的大力支持,同时参考了国内一些专家学者的论著,在此表示感谢。

由于编者的水平有限,书中难免有错误或不足之处,恳请使用本书的师生及其他读者批评指正。

编　者

2012 年 6 月

目　　录

第1章　制图基本知识与技巧

教学目的

1. 掌握绘图工具的使用方法。
2. 掌握国家制图标准的有关规定。
3. 掌握几何作图的方法。
4. 掌握平面图形的画法。

任务分析

工程图样是现代工业生产中必不可少的技术资料,每个工程技术人员均应熟悉和掌握有关制图的基本知识和技能。首先要掌握的就是绘图工具和用品的使用、国家制图标准的有关规定、几何图形的作图方法以及平面图形的基本画法等。

1.1　绘图工具及用法

"工欲善其事,必先利其器",正确地使用与维护绘图工具和仪器,是提高绘图质量和速度的前提,因此,必须熟练掌握绘图工具和仪器的使用方法。手工绘图所用绘图工具的种类很多,本节仅介绍常用的绘图工具和仪器。

1.1.1　图板、丁字尺、三角板

图板用于铺放图纸,其表面要求平整、光洁。图板的左右侧为导边,必须平直。丁字尺用于绘制水平线。使用时将尺头内侧紧靠图板左侧导边上下移动,由左至右画水平线,如图1-1所示。

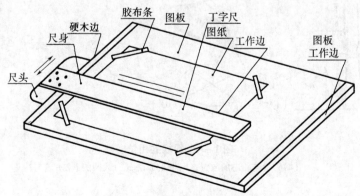

图1-1　用丁字尺画线示意图

三角板用于绘制各种方向的直线。其与丁字尺配合使用,可画垂直线以及与水平线成30°,45°,60°夹角的倾斜线,如图1-2所示。用两块三角板可以画与水平线成15°,75°夹角的倾斜线,还可以画任意已知直线的平行线和垂直线,如图1-3所示。

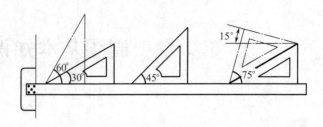

图1-2   用丁字尺、三角板画线示意图

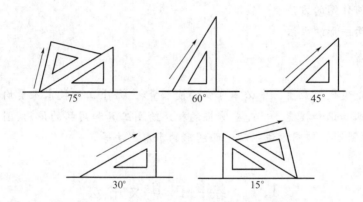

图1-3   两块三角板配合使用画线图

1.1.2   圆规和分规

圆规用来画圆和圆弧。圆规的一腿装有带台阶的钢针,用来固定圆心,另一腿上装铅芯插脚或钢针(作分规时用)。当钢针插入图板后,钢针的台阶应与铅芯尖端平齐,并使笔尖与纸面垂直(如图1-4(a)所示)。画圆时,转动圆规手柄使圆规向前进方向稍微倾斜,均匀地沿顺时针方向一笔画成(如图1-4(b)所示)。画大圆时,应使圆规两脚都与纸面垂直(如图1-4(c)所示)。

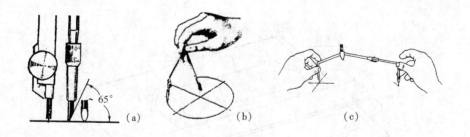

图1-4   圆规的用法
(a)钢针与铅芯的放置;(b)圆的画法;(c)大圆的画法

分规用来量取尺寸和等分线段。使用前先并拢两针尖,检查是否平齐。用分规等分线段的方法如图1-5所示。

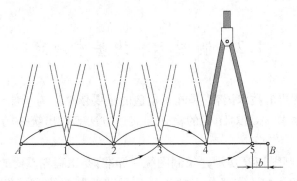

图 1 − 5　分规的用法

1.1.3　曲线板

曲线板是画非圆曲线的工具(如图 1 − 6 所示)。使用曲线板时,应根据曲线的弯曲趋势,从曲线板上选取与所画曲线相吻合的一段进行描绘。每个描绘段应不少于 3 ~ 4 个吻合点,吻合点越多,画出的曲线越光滑。每段曲线描绘时应与前段曲线重复一小段(吻合前段曲线后部约两点),这样才能使曲线连接得光滑流畅。

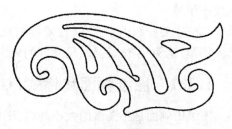

图 1 − 6　曲线板

1.1.4　铅笔

绘图铅笔用来画底稿和描深图线。铅笔用 B 和 H 代表铅芯的软硬程度。H 表示硬性铅笔,色浅淡。H 前面的数字越大,表示铅芯越硬(淡)。B 表示软性铅笔,色浓黑。B 前面的数字越大,表示铅芯越软(黑)。HB 是中性铅,表示铅芯软硬适当。一般情况下,用 2H 或 3H 的铅笔画底稿,用 HB,B 或 2B 的铅笔描深图线,而用 HB 的铅笔写字。

铅笔应从硬度符号的另一端开始使用,以便辨识其铅芯的软硬度。绘图铅笔的削法如图 1 − 7 所示。画底稿线、注写文字用的铅笔磨成锥形,如图 1 − 7(b)所示;描深粗线用的铅笔宜磨成扁方形(凿形),如图 1 − 7(a)所示。

除了上述工具外,绘图时还要备有削铅笔的小刀、磨铅笔的砂纸(如图 1 − 7(c)所示)、固定图纸用的胶带纸、橡皮,另外为了保护有用的图线可以使用擦图片(如图 1 − 8 所示)等。

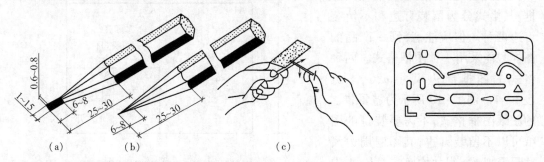

　　　　(a)　　　　　　(b)　　　　　　　　(c)

图 1 − 7　绘图铅笔的削法

(a)凿形铅芯;(b)锤形铅芯;(c)磨笔芯

图 1 − 8　擦图片

1.2　制图标准的基本规定

工程图样是工程界的技术语言,是施工建造的重要依据。为了便于技术交流以及符合设计、施工、存档等要求,必须对图样的格式和表达方法等作出统一的规定,这个规定就是制图标准。

国家标准《技术制图》和《房屋建筑制图统一标准》是工程界重要的技术基础标准,是绘制和阅读工程图样的依据。需要指出的是,《房屋建筑制图统一标准》适用于建筑工程图样,而《技术制图》标准则普遍适用于工程界各种专业技术图样。

我国国家标准(简称国标)的代号是"GB",例如《GB/T 17451—1998 技术制图图样画法视图》,表示制图标准中图样画法的视图部分,GB/T 表示推荐性国标,17451 为编号,1998是发布年号。

本节主要介绍国家标准《技术制图》《房屋建筑制图统一标准》(GB/T 50001—2001)中有关图幅、比例、字体、图线、尺寸等的规定。

1.2.1　图纸幅面和格式(GB/T 14689—1993)

图纸的幅面是指图纸的大小规格,图框是图纸上限定绘图区域的线框。为了合理利用图纸并便于管理,国标中规定了五种基本图纸幅面,绘制图样时应优先选用如表 1-1 所规定的图纸基本幅面。

表 1-1　图纸基本幅面尺寸

幅面代号		A0	A1	A2	A3	A4
$B \times L$		$841 \times 1\ 189$	594×841	420×594	297×420	210×297
周边宽度	e	20			10	
	c	5			5	
	a	25				

各号幅面的尺寸关系是:沿上一号幅面的长边对裁,即为次一号幅面的大小,如图 1-9 所示。

在图纸上必须用粗实线画出图框,其格式分为留装订边和不留装订边两种。但应注意,同一产品的图样只能采用一种图框格式。两种格式的图框周边尺寸 a,c,e 见表 1-1。图 1-10 所示为需要装订的图纸图框格式,不需要装订的图纸可以不留装订边,其图框周边尺寸只需把 a,c 尺寸均换成表 1-1 中的 e 尺寸即可。

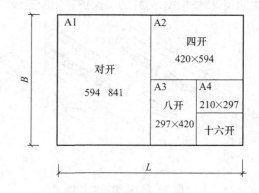

图 1-9　各种图纸基本幅面的尺寸关系

图纸以短边作为竖直边的称为横式幅面(如图 1 - 10(a)所示);以短边作为水平边的称为立式幅面(如图 1 - 10(b)所示),装订时通常采用 A0 ~ A3 横装、A4 竖装。

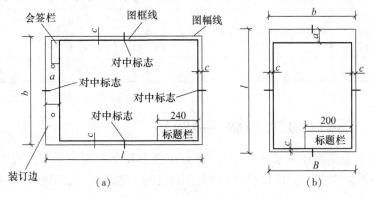

图 1 - 10　图框格式和对中符号
(a)A0 ~ A3 横式幅面;(b)A1 横式幅面

图框右下角必须画出标题栏,用来填写图名、制图人名、设计单位、图纸编号、比例等内容。标题栏中的文字方向为看图方向。标题栏的内容、格式和尺寸在国家技术制图标准(GB/T 10609.1—1998)中已作了规定,学生的制图作业建议采用如图 1 - 11 所示的标题栏格式。

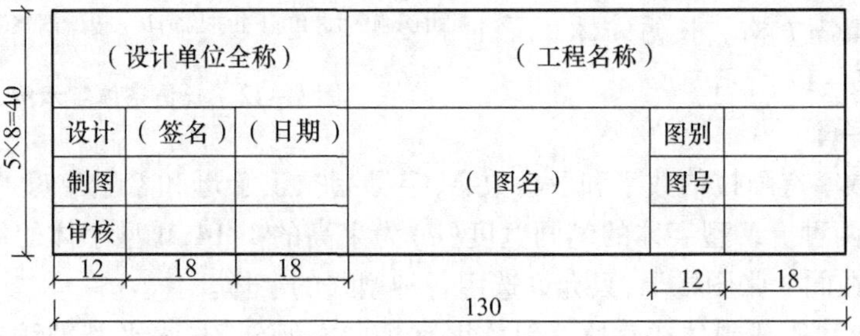

（设计单位全称）			（工程名称）			
设计	（签名）	（日期）	（图名）		图别	
制图					图号	
审核						
12	18	18			12	18

左侧标注：5×8=40
底部标注：130

图 1 - 11　制图作业标题栏格式

为复制或缩微摄影时便于定位,应在图纸各边长的中点处分别用粗实线画出对中标志,其长度是从纸边开始直至伸入图框内约 5 mm(若对中标志处于标题栏范围内时,深入标题栏的部分应当省略),如图 1 - 10(b)所示。必要时,允许加长图纸幅面,但加长量必须符合国家标准(GB/T 14689—1993)中的规定。

1.2.2　比例(GB/T 14690—1993)

图样的比例是图中图形与其实物相应要素的线性尺寸之比(线性尺寸是指能用直线表达的尺寸,如直线的长度、圆的直径等)。

图样的比例分为原值比例、放大比例、缩小比例三种。用符号":"表示。绘制技术图样时,应根据图样的用途与所绘形体的复杂程度,优先从表 1 - 2 所规定的系列中选取合适的图样比例。

注意:不论采用何种比例绘图,尺寸数值均按原值标注,与绘图的准确程度及所用比例无关。

表 1-2　绘图常用比例

种类种类	比　　例				
原值比例	1:1				
放大比例	5:1	2:1	$(5 \times 10^n):1$	$(2 \times 10^n):1$	$(1 \times 10^n):1$
缩小比例	1:5	1:2	$1:(5 \times 10^n)$	$1:(2 \times 10^n)$	$1:(1 \times 10^n)$

1.2.3　字体(GB/T 14691—1993)

图样上除了表达物体形状的图形外,还要用数字和文字说明物体的大小、技术要求和其他内容。在图样中书写的字体必须做到:字体工整、笔画清楚、间隔均匀、排列整齐。字体的号数即字体的高度(用 h 表示),分别为 1.8 mm,2.5 mm,3.5 mm,5 mm,7 mm,10 mm,14 mm,20 mm。

1. 汉字

汉字应写成长仿宋体,并应采用国家正式公布的简化字。汉字的高度一般不应小于 3.5 mm,其字宽与字高的比例一般约为 2:3。

长仿宋体字的字形方整、结构严谨,笔画刚劲挺拔、清秀舒展。其书写的要领是:横平竖直、起落分明、结构匀称、填满方格。长仿宋体字的示例如图 1-12 所示。

10号字　　　　　　　　7号字

字体工整笔画清楚　横平竖直注意起落

5号字　　　　　　　3.5号字

技术制图汽车航空土木建筑矿山井坑港口　　飞行指导驾驶舱位挖填施工引水通风闸阀坝

图 1-12　长仿宋体字示例

2. 数字和字母

图样上的数字有阿拉伯数字和罗马数字;字母有拉丁字母和希腊字母。字母和数字分为 A 型和 B 型两种。A 型字体的笔画宽度(d)为字高的 1/14,B 型字体的笔画宽度(d)为字高的 1/10。在同一张图样上,只允许选用一种型式的字体。

字母和数字可写成斜体或直体。斜体字字头向右倾斜,与水平基准线成 75°夹角。与汉字并排书写时,宜写成直字体且其字高应比汉字的小一号(为了视觉上感觉匀称)。书写的数字和字母不应小于 2.5 号字。拉丁字母和数字的示例如图 1-13 所示。

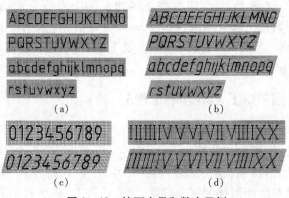

图 1-13　拉丁字母和数字示例

(a)直体大、小写拉丁字母;(b)斜体大、小写拉丁字母;(c)直、斜体阿拉伯数字;(d)直、斜体罗马数字

1.2.4　图线

1. 图线的型式及应用

为使图样层次清楚、主次分明,《技术制图》(GB/T 17450—1998)国家标准中规定了 15 种基本线型及基本线型的变形。《房屋建筑制图统一标准》(GB/T 50001—2001)规定了建筑工程图样中常用的图线名称、型式、宽度及其应用,见表 1–3。

表 1–3　图线

名称		线型	线宽	一般用途
实践	粗	——————	b	长度可见轮廓线
	中粗	——————	$0.5b$	可见轮廓线
	细	——————	$0.25b$	尺寸线、尺寸界视线、图例细等
虚线	粗	– – – – –	b	见各有关专业制图批准
	中粗	- - - - - -	$0.5b$	不可见轮廓线
	细	- - - - - -	$0.25b$	不可见轮廓线、图例线等
点画线	粗	—·—·—·—	b	见各有关专业制图标准
	中粗	—·—·—·—	$0.5b$	见各有关专业制图标准
	细	—·—·—·—	$0.25b$	中心线、细线、对称线等
双点画线	粗	—··—··—	b	见各有关专业制图标准
	中粗	—··—··—	$0.5b$	见各有关专业制图标准
	细	—··—··—	$0.25b$	假想轮廓线、成型前原始轮廓线等
折断线(双折线)		—∿—	$0.25b$	断开界线
波浪线		∼∼∼	$0.25b$	断开界线

所有线型的图线的宽度 b 宜从下列线宽系列中选取:0.35,0.5,0.7,1.0,1.4,2.0。所有线型的图线分粗线、中粗线和细线三种,其宽度比为 4:2:1。

在绘制虚线和点(双点)画线时,其线素(点、画、长画和短间隔)的长度建议选取如图 1–14 所示的尺寸。

2. 图线的画法

(1)同一图样中,同类图线的宽度应基本一致。虚线、点画线及双点画线的线段长度和间隔应各自大致相等。

(2)相互平行的图线,其间隙不宜小于其中粗线的宽度,且不宜小于 0.7 mm。

(3)绘制图形的对称中心线、轴线时,其点画线应超出图形轮廓线外 3～5 mm,且点画线的首末两端是长画,而不是短画;用点画线绘制圆的对称中心线时,圆心应为线段的交点。

(4)在较小的图形上绘制点画线、双点画线有困难时,可用细实线代替。

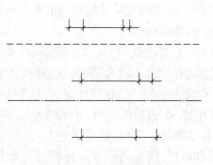

图 1–14　线素长度示例

（5）虚线、点画线、双点画线自身相交或与其他任何图线相交时，都应是线、线相交，而不应在空隙处或短画处相交，但虚线如果是实线的延长线时，则在连接虚线端处留有空隙。

（6）图线不得与文字、数字或符号重叠、混淆，当不可避免时，应首先保证文字等的清晰。

1.2.5 尺寸标注

图形只能表达物体的形状，而其大小则由标注的尺寸确定。标注尺寸时，应严格遵守国家标准有关尺寸注法的规定，做到正确、完整、清晰、合理。

1. 尺寸的组成

图样上的尺寸由尺寸界线、尺寸线、尺寸起止符号和尺寸数字组成，如图 1 - 15 所示。

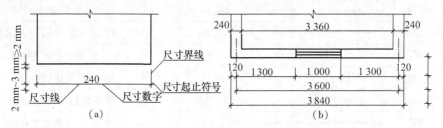

图 1 - 15 尺寸的组成与标注示例

(a)尺寸的组成；(b)尺寸标注示例

（1）尺寸界线用来表示尺寸的度量范围，用细实线绘制。其一端离开图样的轮廓线不小于 2 mm，另一端宜超出尺寸线 2 ~ 3 mm。必要时可用图形的轮廓线、轴线或对称中心线代替，如图 1 - 15(b) 中所示的 240 和 3 360。

（2）尺寸线表示所注尺寸的度量方向和长度，用细实线绘制。尺寸线应与被注轮廓线平行，且不宜超出尺寸界线之外。尺寸线不能用其他图线代替或与其他图线重合。

如图 1 - 15(b) 所示，互相平行的尺寸线，应从轮廓线向外排列，大尺寸要标注在小尺寸的外面。尺寸线与尺寸轮廓线的距离一般不小于 10 mm，平行排列的尺寸线之间的距离应一致，约为 7 mm。

（3）尺寸起止符号（尺寸线终端）是尺寸的起止点，有与水平成 45°夹角的短画（中粗斜短线）和箭头两种。线性尺寸的起止符号一般用与水平成 45°夹角的短画，其倾斜方向与尺寸界线组成顺时针 45°角，长度宜为 2 ~ 3 mm；半径、直径和角度、弧长的尺寸起止符号一般用箭头表示。尺寸起止符号的画法如图 1 - 16 所示。

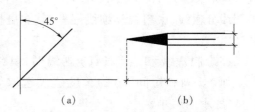

图 1 - 16 尺寸起止符号的画法

（4）尺寸数字表示尺寸的实际大小，一般写在尺寸线的上方、左方或尺寸线的中断处。尺寸数字必须是物体的实际大小，与绘图所用的比例或绘图的精确度无关。建筑工程图上标注的尺寸，除标高和总平面图以"m"为单位外，其他一律以"mm"为单位，图上的尺寸数字不再注写单位。

尺寸数字的注写方向，应按图 1 - 17(a) 所示的规定注写；若尺寸数字在 30°阴影区内，宜按图 1 - 17(b) 所示的形式注写；若是小尺寸，宜按图 1 - 17(c) 所示的形式注写。

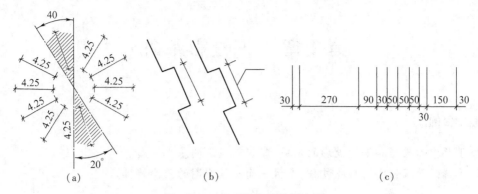

图 1-17　尺寸数字的注写方向

2. 半径、直径和角度尺寸的标注

标注半径、直径和角度尺寸时，尺寸起止符号一般用箭头表示，且应在半径、直径的尺寸数字前分别加注符号 R，Φ，圆球的半径与直径数字前还应再加注符号 S；角度的尺寸界线应沿径向引出，尺寸线画成圆弧，圆心是角的顶点，尺寸数字应一律水平书写，如图 1-18 所示。

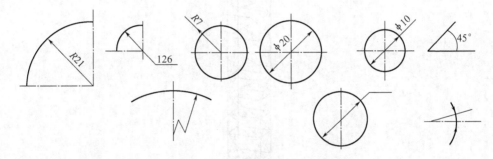

图 1-18　半径、直径和角度的尺寸注法

3. 坡度的标注

坡度表示一平面相对于水平面的倾斜程度，可采用百分数、比数的形式标注。标注坡度时，应加注坡度符号，该符号为单面箭头，箭头应指向下坡方向。2% 表示每 100 单位下降 2 个单位，1∶2 表示每下降 1 个单位，水平距离为 2 个单位，如图 1-19(a)所示。坡度也可以用直角三角形形式表示，如图 1-19(b)所示。

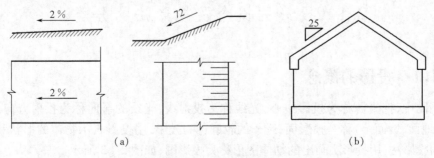

图 1-19　坡度的注法

(a)百分数与比数形式；(b)直角三角形形式

第2章 正投影基础

教学目的

1. 了解中心投影和平行投影的形成,掌握正投影的基本性质。
2. 了解三面投影图的形成过程,掌握三面正投影图的投影特性。

任务分析

钢结构施工图是钢结构工程设计文件,钢结构施工图应用正投影原理表达空间立体的工程实体,绘制与识读钢结构施工图必须掌握正投影原理。例如,钢结构电梯井实体图。如图2-1所示,其施工图如图2-2所示。

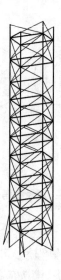

图2-1 钢结构电梯井实体图

2.1 投影的概念及投影法的分类

2.1.1 投影的概念

在制图中,把光源称为投影中心,光线称为投射线,光线的射向称为投射方向,落影的平面(如地面、墙面等)称为投影面,影子的轮廓称为投影,用投影表示物体的形状和大小的方法称为投影法,用投影法画出的物体图形称为投影图,如图2-3所示。

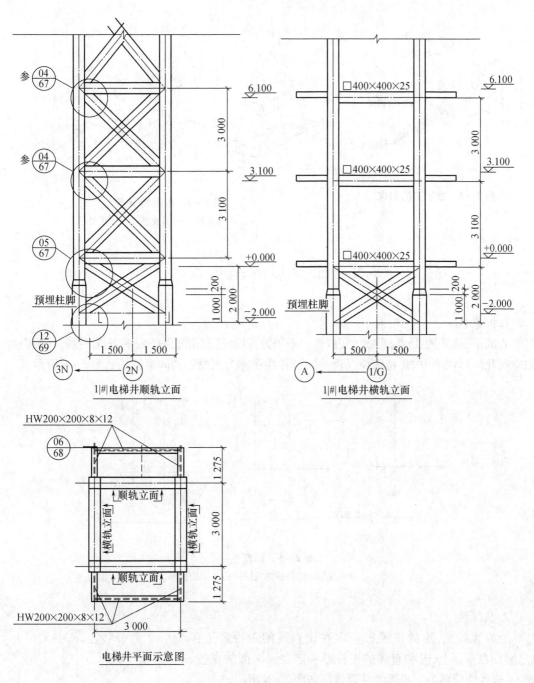

图 2 - 2 钢结构电梯井施工图

2.1.2 投影法的分类

根据投射方式的不同,投影法一般分为两类:中心投影法和平行投影法。由一点放射的投射线所产生的投影称为中心投影,如图 2 -4(a)所示;由相互平行的投射线所产生的投影称为平行投影。平行投射线倾斜于投影面的称为斜投影,如图 2 -4(b)所示;平行投射线垂直于投影面的称为正投影,如图 2 -4(c)所示。

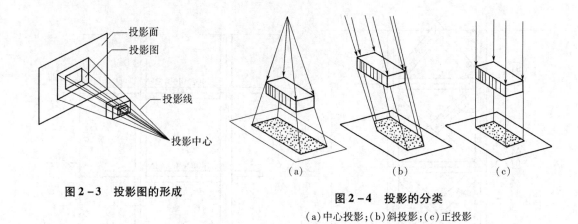

图 2 - 3　投影图的形成

图 2 - 4　投影的分类
（a）中心投影；（b）斜投影；（c）正投影

2.2　正投影的基本性质

1. 同素性

　　点的正投影仍然是点，直线的正投影一般仍为直线（特殊情况例外），平面的正投影一般仍为原空间几何形状的平面（特殊情况例外），这种性质称为正投影的同素性。如图 2 - 5 所示。

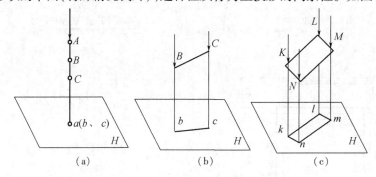

图 2 - 5　同素性
（a）点的投影；（b）直线的投影；（c）平面的投影

2. 从属性

　　点在直线上，点的正投影一定在该直线的正投影上；点、直线在平面上，点和直线的正投影一定在该平面的正投影上，这种性质称为正投影的从属性。如图 2 - 6 所示。

3. 定比性

　　线段上的点将该线段分成的比例，等于点的正投影分线段的正投影所成的比例，这种性质称为正投影的定比性。如图 2 - 7 所示，点 K 将线段 BC 分成的比例，等于点 K 的投影 k 将线段 BC 的投影 bc 分成的比例，即 $BK:KC = bk:kc$。

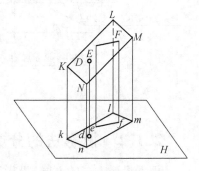

图 2 - 6　从属性

4. 平行性

　　两直线平行，它们的正投影也平行，且空间线段的长度之比等于它们正投影的长度之比,这种性质称为正投影的平行性。如图 2-8 所示。

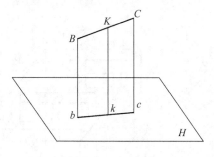

图 2-7 定比性

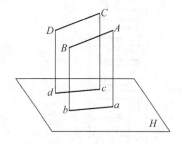

图 2-8 平行性

5. 全等性

当线段或平面平行于投影面时,其线段的投影长度反映线段的实长,平面的投影与原平面图形全等,这种性质称为正投影的全等性。如图 2-9 所示。

6. 积聚性

当直线或平面垂直于投影面时,其直线的正投影积聚为一个点,平面的正投影积聚为一条直线,这种性质称为正投影的积聚性。如图 2-10 所示。

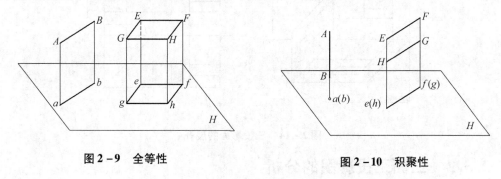

图 2-9 全等性   图 2-10 积聚性

2.3 三面正投影图的形成

2.3.1 三面正投影图的形成

图 2-11 所示空间四个不同形状的物体,它们在同一个投影面上的正投影却是相同的。

1. 三投影面体系的建立

通常,采用三个相互垂直的平面作为投影面,构成三投影面体系,如图 2-12 所示。

2. 三投影图的形成

将物体置于 H 面之上,V 面之前,W 面之左的空间,如图 2-13 所示,按箭头所指的投影方向分别向三个投影面作正投影。

3. 三投影面的展开

将 V 面保持不动,H 面绕 X 轴向下旋转 90°,W 面绕 Z 轴向左旋转 90°,使得三个投影面变成在同一个平面内,如图 2-14 所示。

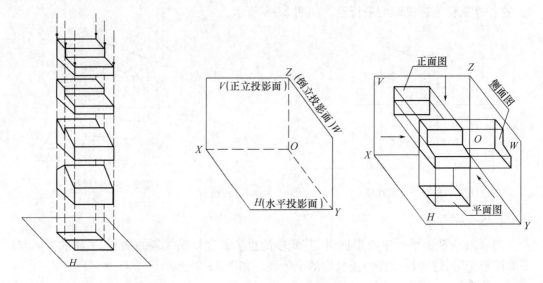

图 2 – 11　形体的单面投影　　　**图 2 – 12　三投影面体系的建立**　　　**图 2 – 13　三投影图的形成**

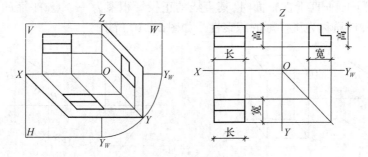

图 2 – 14　三投影面的展开

2.3.2　三面正投影图的分析

空间形体都有长、宽、高三个方向的尺度,如图 2 – 15 所示。

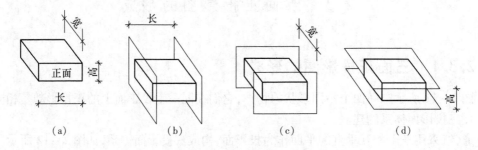

图 2 – 15　形体的长、宽、高

三面正投影图具有下述投影规律:

投影对应规律是指各投影图之间在量度方向上的相互对应。

正面、平面长对正(等长);

正面、侧面高平齐(等高);

平面、侧面宽相等(等宽)。

2.4　点　的　投　影

2.4.1　点的单面投影

过空间点 A 向投影面 H 作投影线,该投影线与投影面的交点 a 即为点 A 在投影面 H 上的投影。如图 2 - 16 所示。

仅根据点的一个投影还不足以确定点在空间的位置。

2.4.2　点的三面投影

如图 2 - 17(a)所示,将空间点 A 置于三投影面体系中,自 A 点分别向三个投影面作垂线(即投射线),三个垂足就是点 A 在三个投影面上的投影:

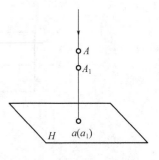

图 2 - 16　点的单面投影图

(1)点 A 在 H 面的投影 a,称为点 A 的水平投影;

(2)点 A 在 V 面的投影 a',称为点 A 的正面投影;

(3)点 A 在 W 面的投影 a'',称为点 A 的侧面投影。

用细实线将点的相邻投影连起来,如 aa'、aa'' 称为投影连线。水平投影 a 与侧面投影 a'' 不能直接相连,作图时常以图 2 - 17(b)所示的借助 45°斜角线或圆弧来实现这个联系。

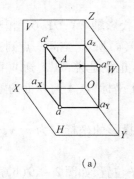
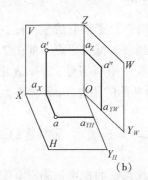
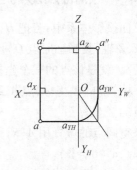

图 2 - 17　点的三面投影图

(a)直观图;(b)投影图;(c)平面图

2.4.3　点的投影规律

点在三面投影体系中的投影规律:

(1)点的水平投影与正面投影的连线垂直于 OX 轴,即 $aa' \perp OX$;

(2)点的正面投影和侧面投影的连线垂直于 OZ 轴,即 $a'a'' \perp OZ$;

(3)点的水平投影到 OX 轴的距离等于点的侧面投影到 OZ 的距离,即 $aa_X = a''a_Z$。

这三条投影规律说明了在点的三面投影图中每两个投影都有一定的联系,只要给出点的任意两个投影就可以补出第三个投影(即"二补三"作图)。

【例 2 - 1】　已知 A 点的水平投影 a 和正面投影 a',求侧面投影 a'',如图 2 - 18(a)所示。

分析:已知 A 点的两个投影,根据投影规律求出 a''。作图方法:

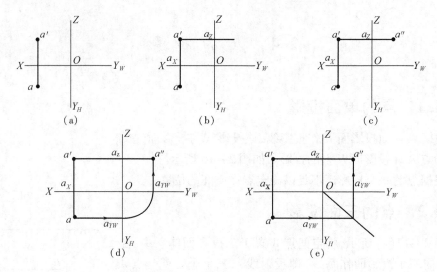

图 2 – 18　点的"二补三"作图

(a)已知 a 和 a'；

(b)过 a' 引 OZ 轴的垂线；

(c)在 $a'a_Z$ 的延长线上截取垂线 $a'a_Z$，$a''a_Z = aa_X$，a''即为所求；

(d)利用圆弧求出 a''；

(e)利用 $45°$ 斜线求出 a''

2.4.4　点的投影与坐标

在三面投影体系中，若把 H,V,W 投影面看成坐标面，三条投影轴 OX,OY,OZ 相当于坐标轴 X,Y,Z 轴，投影轴原点 O 相当于坐标系原点。如图 2 – 19(a)所示，空间一点到三个投影面的距离，就是该点的三个坐标(用小写字母 x,y,z 表示)。也就是说，点 A 到 W 面的距离 Aa'' 即为该点的 X 坐标，点 A 到 V 面的距离 Aa' 即为该点的 Y 坐标，点 A 到 H 面的距离 Aa 即为该点的 Z 坐标。

如果空间点的位置用 $A(x,y,z)$ 形式表示，那么它的三个投影的坐标应为 $a(x,y,O)$，$a'(x,O,z)$，$a''(O,y,z)$。

利用点的坐标就能较容易地求作点的投影及确定空间点的位置，如图 2 – 19(b)所示。

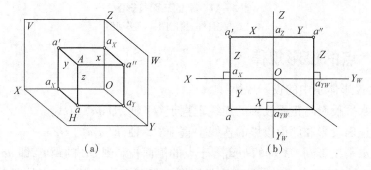

图 2 – 19　点的投影与直角坐标的关系

(a)立体图；(b)投影图

【例 2 – 2】　在立体图中画出点 $A(20,12,15)$ 的投影及其空间位置，如图 2 – 20 所示。

作图方法：

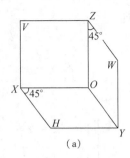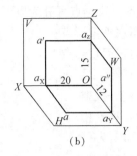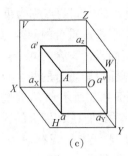

图 2 - 20　求点的空间位置

(a)画出 H,V,W 三投影的立体图；

(b)分别量取 $Oax=20,Oay=12,OaZ=15$，求得 ax,ay 和 aZ，分别过 ax,ay 和 aZ 作三条坐标轴的平行线，求出 a,a' 和 a''；

(c)分别过 a,a',a'' 作面。OZ,OY 和 OX 的平行线，这三条平行线的交点即为空间点 A

2.4.5　两点的相对位置和重影点

1. 两点的相对位置

空间两点的相对位置可以用三面正投影图来标定；反之，根据点的投影也可以判断出空间两点的相对位置。

在三面投影中，规定：OX 轴向左、OY 轴向前、OZ 轴向上为三条轴的正方向。在投影图中，x 坐标可确定点在三投影面体系中的左右位置，y 坐标可确定点的前后位置，z 坐标可确定点的上下位置，如图 2 -21 所示。

【例 2 - 3】 已知点 A 的三个投影，如图 2 -22(a)，另一点 B 在点 A 上方 8 mm，左方 12 mm，前方 10 mm，求点 B 的三面投影，如图 2 -22 所示。

作图方法：

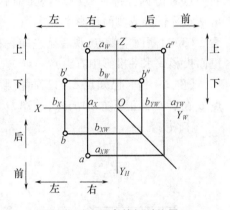

图 2 -21　两点的相对位置

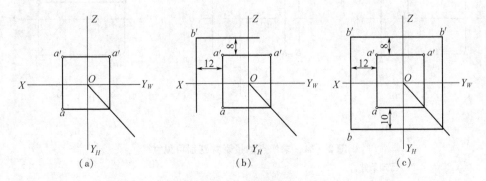

图 2 -22　已知相对位置求另一点

(a)已知条件；

(b)在 a' 左方 12 mm，上方 8 mm 处确是 b'；

(c)过 b' 作 OX 轴的垂线，在 8 mm 处确定 b'；其延长线上 a 前 10 mm 处确定 b；根据三面投影关系求得 b''

2. 重影点及其投影的可见性

如果两点位于同一投射线上,则此两点在相应投影面上的投影必重叠,重叠的投影称为重影,重影的空间两点称为重影点。重影点可分为以下三种:

(1)水平投影重合的两个点,叫水平重影点;

(2)正面投影重合的两个点,叫正面重影点;

(3)侧面投影重合的两个点,叫侧面重影点。

如图 2 – 23 所示,A,B 是位于同一投射线上的两点,它们在 H 面上的投影 a 和 b 相重叠。沿投射线方向观看,A 在 H 面上为可见点,B 为不可见点。

重影点投影可见性的判别方法如下:

(1)对水平重影点,观者从上向下看,上面一点看得见,下面一点看不见(上下位置可从正面投影或侧面投影中看出);

(2)对正面重影点,观者从前向后看,前面一点看得见,后面一点看不见(前后位置可从水平投影或侧面投影中看出);

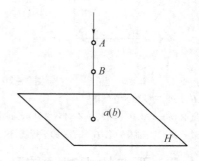

图 2 – 23 重影点

(3)对侧面重影点,观者从左向右看,左面一点看得见,右面一点看不见(左右位置可从正面投影或水平投影中看出)。

【例 2 – 4】 已知点 C 的三面投影如图 2 – 24(a)所示,且点 D 在点 C 的正右方 5 mm ,点 B 在点 C 的正下方 10 mm ,求作 D,B 两点的投影,并判别重影点的可见性。

作图方法:

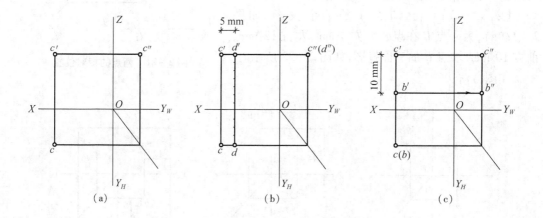

图 2 – 24 求作点的投影并判别可见性

(a)已知条件;

(b)d'' 与 c'' 重合,且 c'' 可见,d'' 不可见,在 c' 之右 5 mm 处确定 d',同时求出 d;

(c)b 与 c 重合,且 c'' 可见,d'' 不可见,在 c' 之下 10 mm 处确定 b',并求出 b''

2.5 直线的投影

2.5.1 直线投影图的作法

首先作出直线上两端点在三个投影面上的各个投影,然后分别连接这两个端点的同面投影,即为该直线的投影,如图2−25所示。

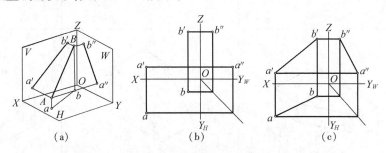

(a)　　　　　　　　　(b)　　　　　　　　　(c)

图2−25　作直线的三面正投影图(投影面的倾斜线)

2.5.2 各种位置直线的投影特性

空间直线按其相对于三个投影面的不同位置关系可分为三种:投影面平行线、投影面垂直线和投影面倾斜线。前两种称为特殊位置直线,后一种称为一般位置直线。

1. 投影面平行线

(1)定义

投影面平行线是指平行于一个投影面,而倾斜于另外两个投影面的直线。

(2)分类及投影图

投影面平行线可分为正平线、水平线、侧平线。这三种平行线的投影图如表2−1所示。

表2−1　投影面平行线及其特性

名称	水平面($A//H$)	正平面($B//V$)	侧平面($C//W$)
立体图			
投影图			

表 2 – 1(续)

名称	水平面(A//H)	正平面(B//V)	侧平面(C//W)
在形体投影图中的位置	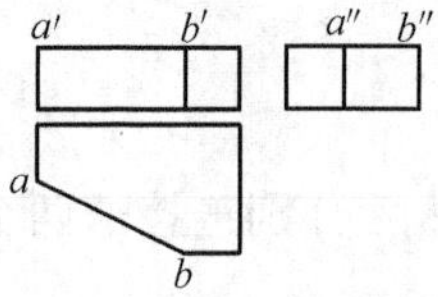	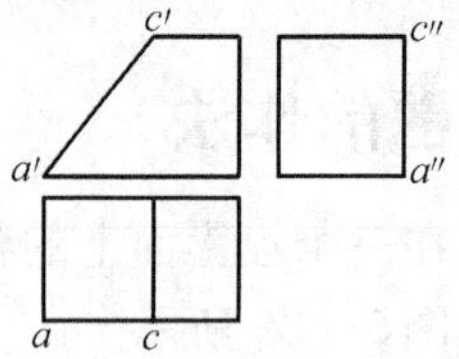	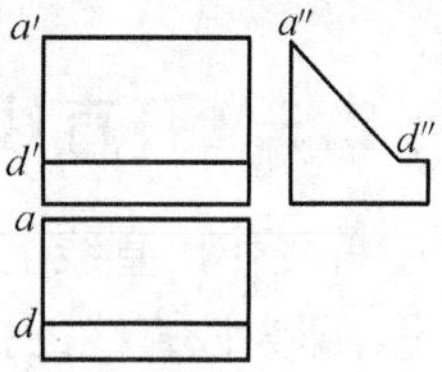
在形体立体图中的位置	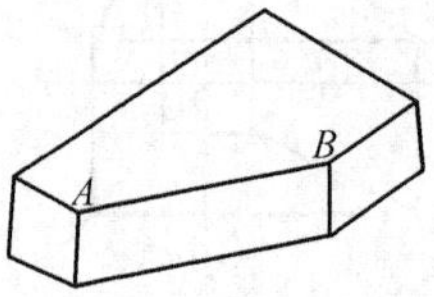	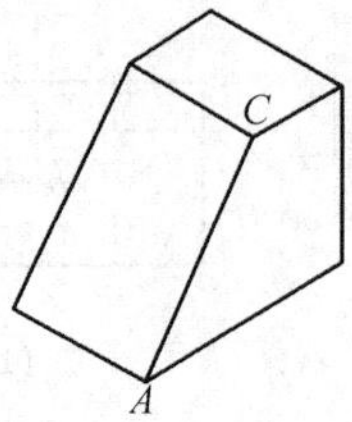	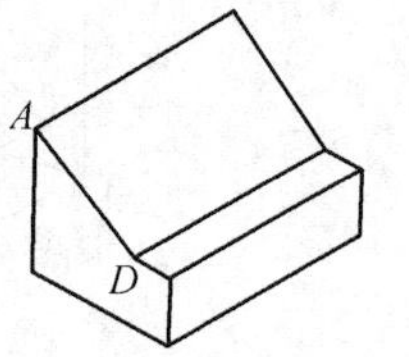
投影规律	1. H 面投影 a 反映实形； 2. V 面投影 a' 和 W 面投影 a″ 积聚为直线，分别平行于 OX, OY_W 轴	1. V 面投影 b' 反映实形； 2. H 面投影 b 和 W 面投影 b″ 积聚为直线，分别平行于 OX, OZ 轴	1. W 面投影 C″ 反映实形； 2. H 面投影 C 和 V 面投影 C' 积聚为直线，分别平行于 OY_H, OZ 轴

（3）投影特性

①直线在所平行的投影面上的投影反映实长，此投影与投影轴的夹角反映直线与另两个投影面的夹角实形。

②直线在另两个投影面上的投影平行于相应的投影轴，但不反映实长。

（4）平行线空间位置的判别

一斜两直线，定是平行线；斜线在哪面，平行哪个面。

2. 投影面垂直线

（1）定义

投影面垂直线是指垂直于一个投影面，而平行于另外两个投影面的直线。

（2）分类及投影图

投影面垂直线可分为正垂线、铅垂线、侧垂线。这三种垂直线的投影图如表 2 – 2 所示。

（3）投影特性

①直线在其所垂直的投影面上的投影积聚为一点。

②直线在另两个投影面上的投影，垂直于相应的投影轴，且反映线段的实长。

（4）垂直线空间位置的判别

一点两直线，定是垂直线；点在哪个面，垂直哪个面。

表 2 - 2 投影面垂直线及其特性

名称	铅垂线($AB \perp H$)	正垂线($AC \perp V$)	侧垂线($AD \perp W$)
立体图			
立体图			
立体图			
立体图			

3. 一般位置直线

(1) 定义

与三个投影面均倾斜的直线,称为一般位置线。

(2) 投影图

一般位置线在 H, V, W 三个投影面上的投影如图 2 - 26 所示。

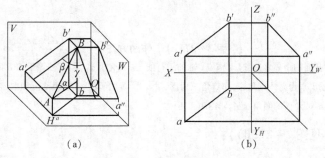

(a)   (b)

图 2 - 26 一般位置直线

（3）投影特性

①直线的三个投影均倾斜于投影轴。

②直线的三个投影与投影轴的夹角,均不反映直线与任何投影面的倾角,α,β 和 γ 均为锐角。

③各投影的长度小于直线的实长。

（4）一般位置线的判别

三个投影三个斜,定是一般位置线。

2.5.3   一般位置直线的实长和倾角

求直线段对 H 面的倾角 α 及实长:

在投影图 2 – 27(b)中,AB 的水平投影 ab 已知,A,B 两点到 H 面的距离之差,可由其正面投影求得,由此即可作出直角 $\triangle AA_0B$ 的实形。

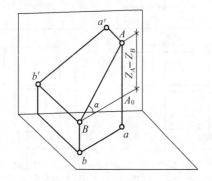 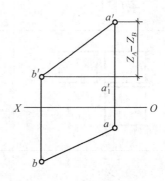

图 2 – 27(a)   立体图   图 2 – 27(b)   投影图

作图方法一（见图 2 – 27(c)）:

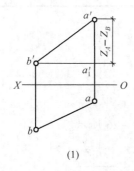 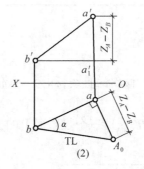

(1)   (2)

图 2 – 27(c)   作图方法一

(1)求 A,B 两点到 H 面的距离之差:过 b' 作 OX 轴的平行线与 aa' 交于 a'_1,则 $a'a'_1$ 等于 A,B 两点到 H 面的距离之差;

(2)以 ab 为直角边,$a'a'_1$ 为另一直角边,作直角三角形,过 a 作 ab 的垂线,在该垂线上截取 $aA_0 = a'a'_1$,连接 bA_0,则

    $\angle A_0ba$ 即为 AB 对 H 面的倾角 α,$A_0b = AB(T.L)$

作图方法二（见图 2 – 27(d)）:

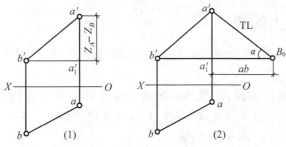

图 2 - 27(d)　作图方法二

(1)过 b' 作 OX 轴的平行线与 aa' 交于 a'_1 ,则 $a'a'_1$ 即为 A,B 两点到 H 距离之差;

(2)在 $b'a'_1$ 的延长线上截取 $a'_1B_0 = ab$,并连接 $a'B_0$,则 $\angle a'_1B_0a'$ 即为 AB 对的 H 面的倾角 α , $a'B_0 = AB(\mathrm{TL})$

【**例 2 - 5**】　如图 2 - 28(a)所示,已知直线 AB 的水平投影 ab 和点 A 的正面投影 a' ,并知 AB 对 H 面的倾角 $\alpha = 30°$,点 B 在点 A 之上,求 AB 的正面投影 $a'b'$ 。

作图方法一(见图 2 - 28(b)):

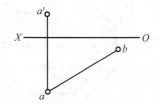

图 2 - 28(a)　已知条件

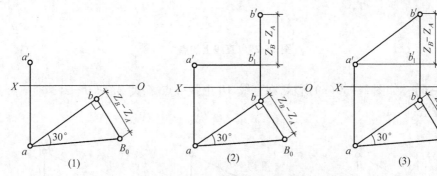

图 2 - 28(b)　求直线正面投影的作图方法一

(1)以 ab 为一直角边,作一锐角为 $30°$ 的直角 $\triangle B_0ba$,则 B_0b 等于 A,B 两点到 H 面的距离之差 $Z_B - Z_A$;

(2)过 b 作 OX 轴的垂线,过 a' 作 OX 轴的平行线,两者交于 b'_1 ,然后从 b'_1 沿 OX 轴的垂线向上截取 b'_1b' = $Z_B - Z_A$ (因为 B 点在 A 点之上),即得 b' ;

(3)连接 a',b' ,即得 AB 直线的正面投影 $a'b'$

作图方法二(见图 2 - 28(c)):

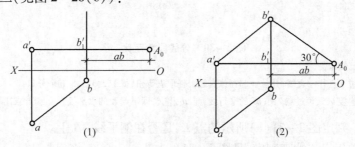

图 2 - 28(c)　求直线正面投影的作图方法二

(1)过 b 作 OX 轴的垂直线 bb'_1 ,过 a' 作 OX 轴的平行线,两线交于 b'_1 ,在 $a'b'_1$ 的延长线上截取 $b'_1A_0 = ab$;

(2)过 A_0 作 $30°$ 的斜线与 bb'_1 的延长线相交,此交点即为 b' ,连接 $a'b'$

2.5.4　直线上的点

点在直线上,则点的各个投影必定在该直线的同面投影上,并且符合点的投影规律,如图 2 – 29(a)中的 C 点。

若直线上的点分线段成比例,则该点的各投影也相应分线段的同面投影成相同的比例。在图 2 – 29(b)中,C 点把直线 AB 分为 AC,CB 两段,则有

$$AC:CB = a'c':c'b' = ac:cb = a''c'':c''b''$$

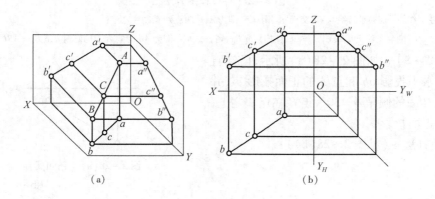

图 2 – 29　直线上的点

【例 2 – 6】　如图 2 – 30(a)所示,在直线 AB 上找一点 K,使 AK:KB = 2:3。
作图方法:

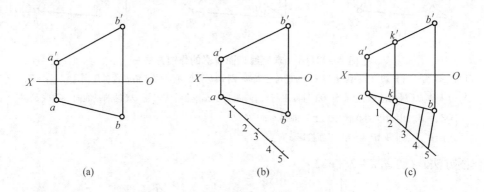

图 2 – 30　分线段为定比

(a)已知条件;

(b)过 a 任作一直线,并从 a 起在该直线上任取五等份,得 1,2,3,3,5 五个分点;

(c)连接 b,5,再过点 2 作 b5 的平行线,与 ab 相交,即得点 K 的水平投影 k;由此求出 k'

【例 2 – 7】　判定图 2 – 31(a)所示的点 K,是否在侧平线 AB 上。
作图方法一:用定比性来判定,见图 2 – 31(b)。
作图方法二:用直线上点的投影规律来判定,见图 2 – 31(c)。

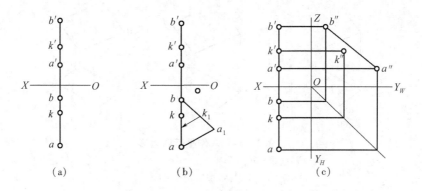

图 2 - 31 判定点是否在直线上

2.5.5 两直线的相对位置

两直线在空间的相对位置分为平行、相交、交叉和垂直(相交和交叉的特例)四种情况。

1. 两直线平行

根据正投影的平行性可知:空间两直线相互平行,则它们的同名投影也相互平行,且同名投影的长度之比等于空间两线段的长度之比,如图 2 - 32 所示。

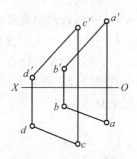

图 2 - 32 两直线平行

在投影图中,若判别两直线是否平行,一般只要看它们的正面投影和水平投影是否平行就可以了。但对于两直线均为某投影面平行线时,若无直线所平行的投影面上的投影,仅根据另两投影的平行是不能确定它们在空间是否平行,应从直线在所平行的投影面上的投影来判定是否平行。如图 2 - 33(a),(c)中,ab 与 cd 不平行,图 2 - 33(b)中,ab 与 cd 平行。

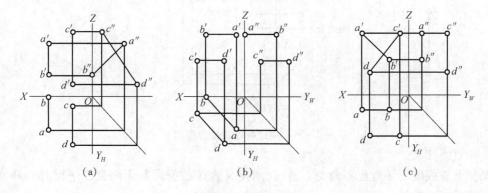

图 2 - 33 判定两条投影面平行线是否平行

【例 2 - 8】 已知平行四边形 $ABCD$ 的两边 AB 和 AC 的投影,见图 2 - 34(a),试完成平行四边形 $ABCD$ 的投影。

作图方法:

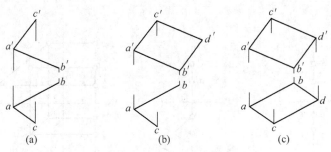

图 2-34 求作平行四边形

(a)已知条件;

(b)作 $c'd'$ // $a'b'$,$b'd'$ // $a'c'$得 d';

(c)作 cd // ab,bd // ac,d 与 d'应在同一连线上

2. 两直线相交

两直线相交必有一个交点,交点是两直线的公共点。根据前章所述正投影的从属性和定比性,可以得到两直线相交的特点:空间两直线相交,则它们的同面投影必定相交,而且各同面投影的交点就是两直线空间交点的同面投影。

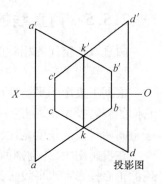

图 2-35 两直线相交

在投影图中,若判别两直线是否相交,对于两条一般位置直线来说,只要任意两个同面投影的交点的连线垂直于相应的投影轴,就可判定这两条直线在空间一定相交。但是当两条直线中有一条直线是投影面平行线时,应利用直线在所平行的投影面内投影来判断。

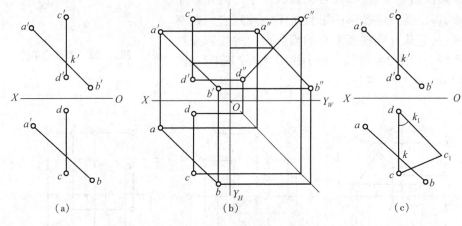

图 2-36 判定两直线是否相交

3. 两直线交叉

两交叉直线既不平行也不相交。显然,两交叉直线的投影既无两直线平行时的特性,也无两直线相交时的特性。

两交叉直线的某一同面投影有时可能平行(重合),但所有同面投影不可能同时都相互平行。

两交叉直线的同面投影也可能相交,但这个交点只不过是两直线的一对重影点的重合投影。

既然两交叉直线同面投影的交点是两直线上两个点的投影重合在一起的。那么,两交叉线就有可见性的问题。

判定其可见性的方法：如图 2 - 37 所示，从正面投影可看出，点 Ⅰ 在点 Ⅱ 之上，故其水平投影 1 为可见，2 为不可见，写成 1(2)。从水平投影可看出，点 Ⅲ 在点 Ⅳ 之前，故其正面投影 3′ 为可见 4′ 为不可见，写成 3′(4′)。

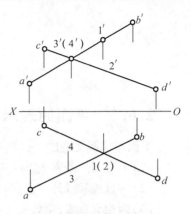

图 2 - 37 两直线交叉

4. 两直线垂直

两直线的夹角，其投影有三种情况：

(1) 当两直线都平行于某投影面时，其夹角在该投影面上的投影反映实形；

(2) 当两直线都不平行于某投影面时，其夹角在该投影面上的投影一般不反映实形；

(3) 当两直线中有一直线平行于某投影面时，如果夹角是直角，则它在该投影面上的投影仍然是直角。

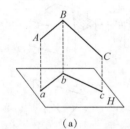 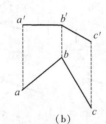 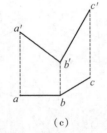 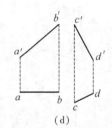

(a)　　　　　(b)　　　　　(c)　　　　　(d)

图 2 - 38 两直线相互垂直

反之，如果两直线的某一投影面互相垂直，而且其中有一条直线平行于该投影面，则这两直线在空间一定互相垂直。

【例 2 - 9】 求点 A 到水平线 BC 的距离（见图 2 - 39(a)）。

作图方法：

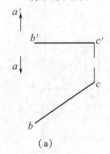 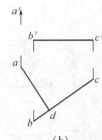 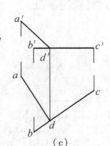 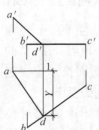 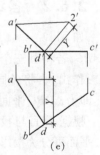

(a)　　　　　(b)　　　　　(c)　　　　　(d)　　　　　(e)

图 2 - 39 求作点到直线的距离

(a) 已知条件；

(b) 过 a 作 bc 的垂线 ad⊥bc；

(c) 过 d 作垂线得 d′，连接 a′d′；

(d) 用直角三角形法求 AD 的实长，先求 A，D 两点的 Y 坐标差 y；

(e) 以 a′d′ 为一直角边 $d'_2 = y$ 为另一直角边，斜边 a'_2 即为所求距离实长

2.6　平面的投影

2.6.1　平面的表示方法

平面是广阔无边的,它在空间的位置可用下列的几何元素来确定和表示。

(1)不在同一条直线上的三个点,例如图 2 – 40(a)中的点 A,B,C。

(2)一直线和线外一点,例如图 2 – 40(b)中的点 A 和直线 BC。

(3)两相交直线,例如图 2 – 40(c)中的直线 AB 和 AC。

(3)两平行直线,例如图 2 – 40(d)中的直线 AB 和 CD。

(5)平面图形,例如图 2 – 40(e)中的 $\triangle ABC$。

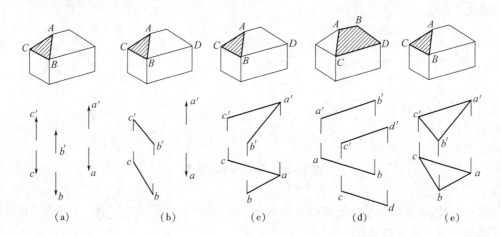

(a)　　　　　(b)　　　　　(c)　　　　　(d)　　　　　(e)

图 2 – 40　用几何元素表示平面

2.6.2　各种位置平面的投影特性

如图 2 – 41,空间一平面 $\triangle ABC$,若将其三个顶点 A,B,C 的投影作出,再将各同面投影连接起来,即为 $\triangle ABC$ 平面的投影。

根据平面与投影面的相对位置,平面可分为投影面平行面、投影面垂直面、一般位置平面三种情况。前两种为特殊位置平面。

1.投影面平行面

(1)定义

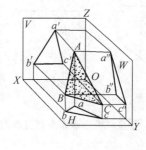
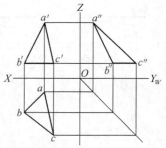

图 2 – 41　平面的投影

投影面平行面是指平行于一个投影面,同时垂直于另外两个投影面的平面。

(2)分类及投影图

投影面平行面可分为正平面、水平面、侧平面。这三种平行面的投影图如表 2 – 3 所示。

表 2 − 3　投影面平行面及其特性

名称	水平面(A//H)	正平面(B//V)	侧平面(C//W)
立体图	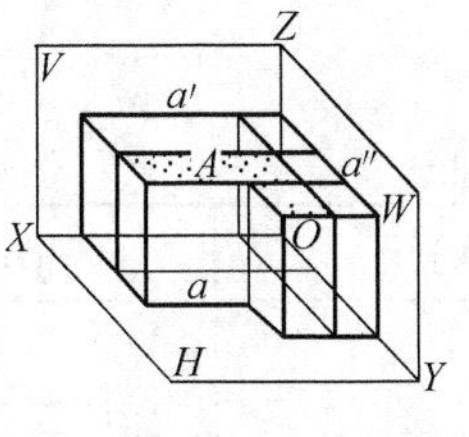	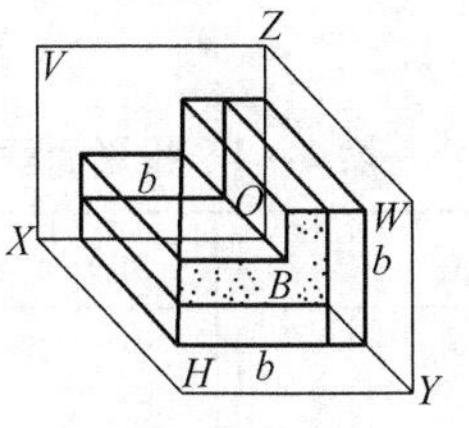	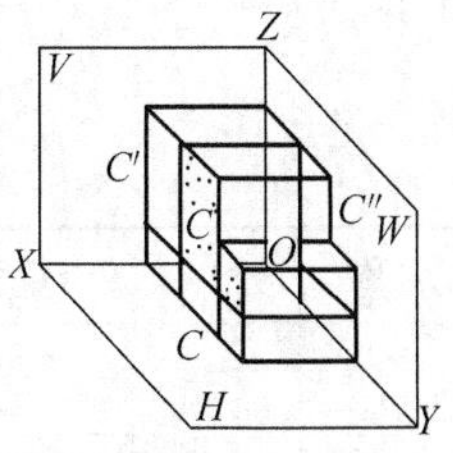
投影图	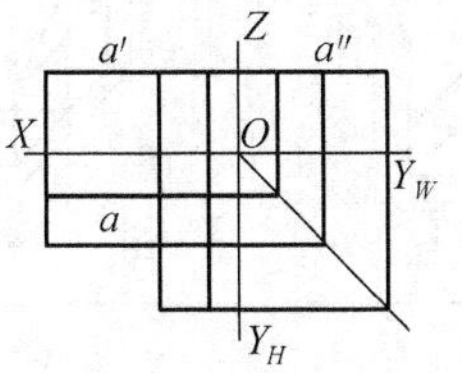	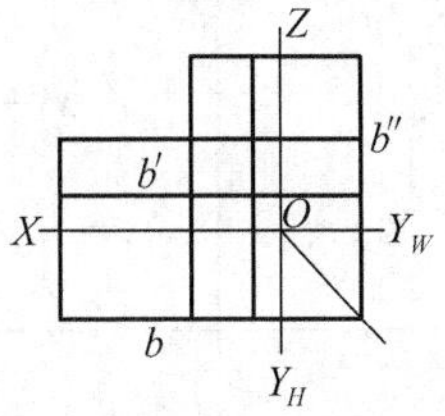	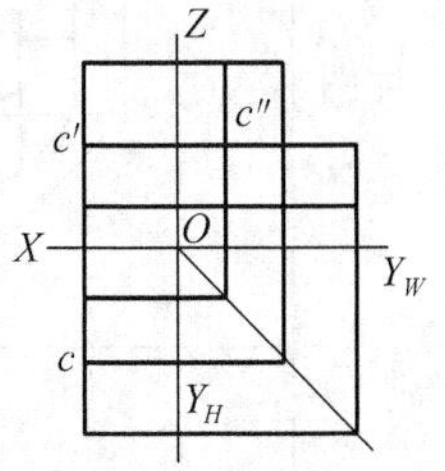
在形体投影图中的位置	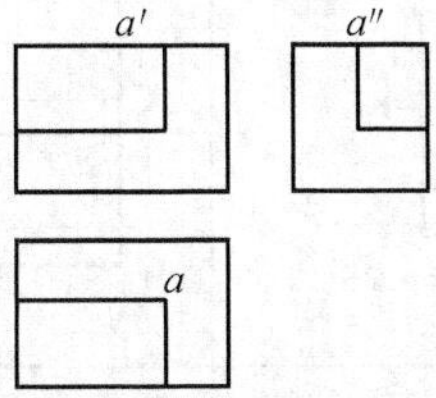	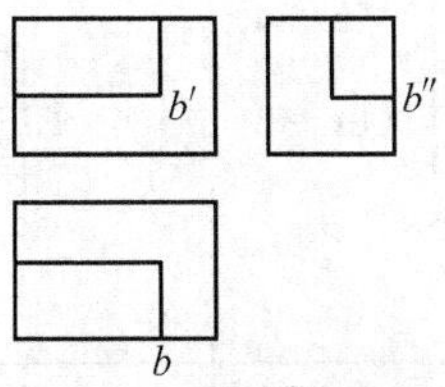	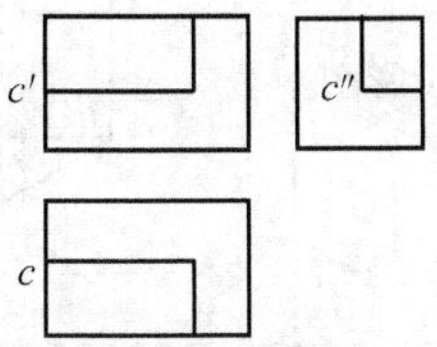
在形体立体图中的位置	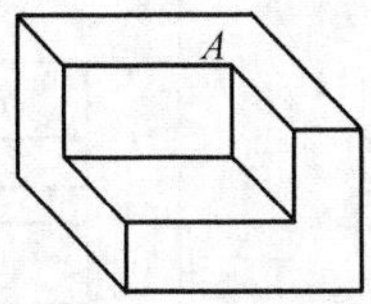	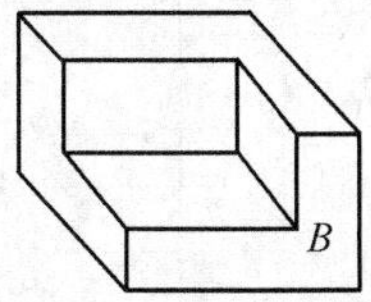	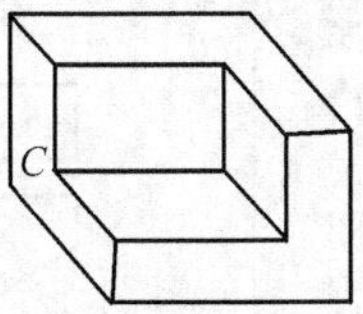
投影规律	1. H 面投影 a 积聚为一条斜线，且反映 β，小的实形； 2. V 面投影 a′ 和 W 面投影 a″ 小于实形，是类似形	1. V 面投影 b′ 积聚为一条斜线，且反映 ∞，小的实形； 2. H 面投影 b 和 W 面投影 b″ 小于实形，是类似形	1. W 面投影 c″ 积聚为一斜线，且反映 ∞，β 的实形； 2. H 面投影 c 和 V 面投影 c″ 小于实形，是类似形

（3）投影特性

①平面在它平行的投影面上的投影反映实形。

②平面的其他两个投影积聚成线段，并且分别平行于相应的投影轴。

（4）平行面空间位置的判别

一框两直线，定是平行面；框在哪个面，平行哪个面。

2. 投影面垂直面

（1）定义

投影面垂直面是指垂直于一个投影面，同时倾斜于另外两个投影面的平面。

（2）分类及投影图

投影面垂直面可分为正垂面、铅垂面、侧垂面。这三种垂直面的投影图如表 2 - 4 所示。

表 2 - 4　投影面垂直面及其特性

名称	铅垂面（$A \perp H$）	正平面（$B \perp V$）	侧平面（$C \perp W$）
立体图	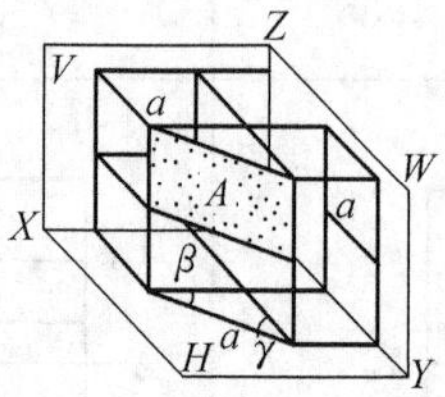	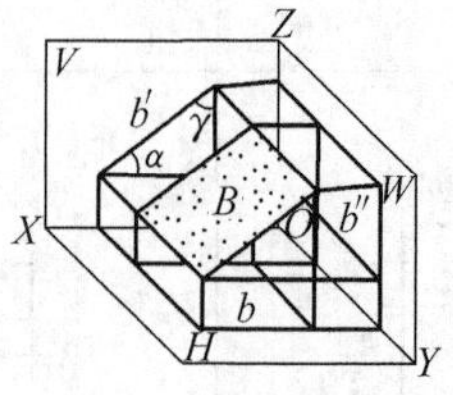	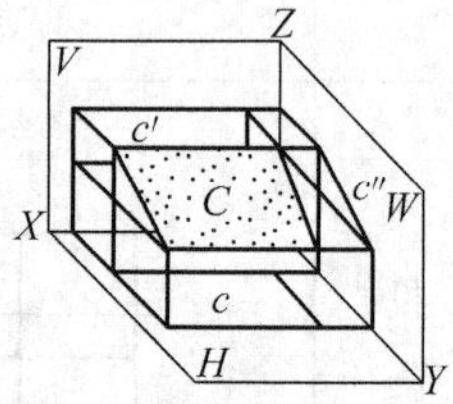
投影图	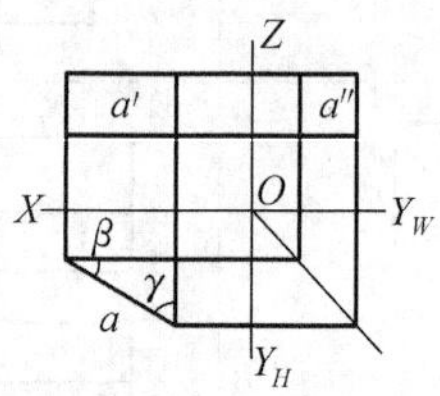	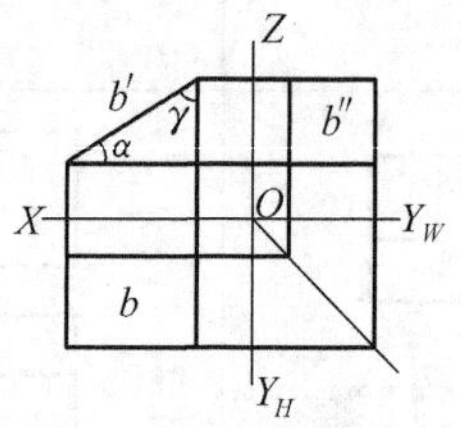	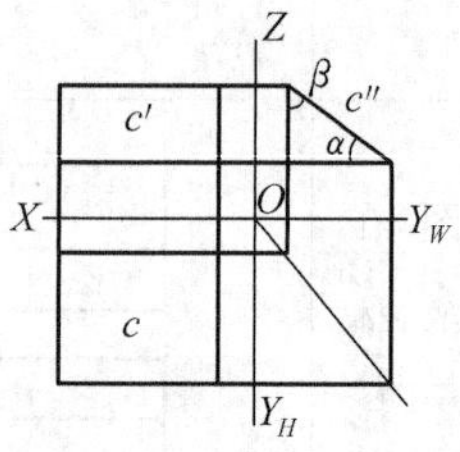
在形体投影图中的位置	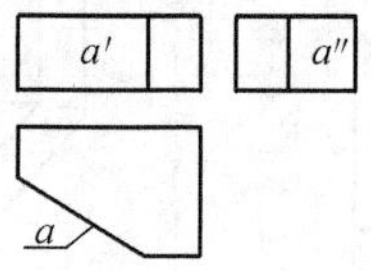	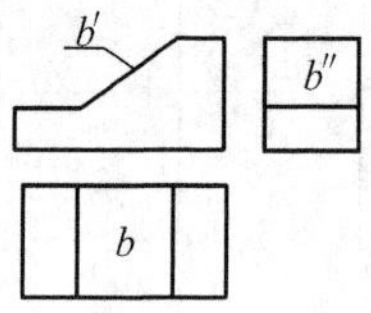	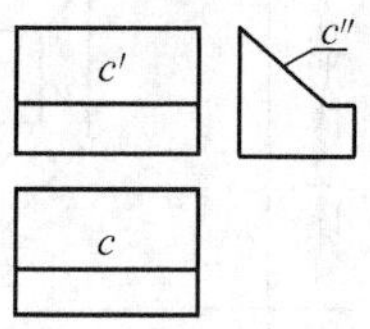
在形体立体图中的位置	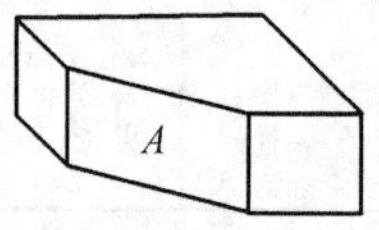	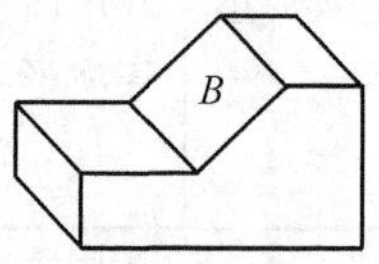	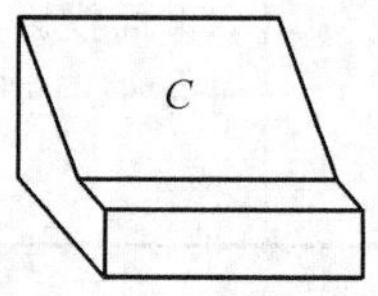

（3）投影特性

①平面在它所垂直的投影面上的投影积聚为一斜直线,并且该投影与投影轴的夹角等于该平面与相应投影面的倾角。

②平面的其他两个投影不是实形,但有相仿性。

（4）垂直面空间位置的判别

两框一斜线,定是垂直面;斜线在哪面,垂直哪个面。

3. 一般位置平面

（1）定义

一般位置平面是指与三个投影面均倾斜的平面。

（2）投影图

一般位置面的三个投影都呈倾斜位置，如图 2－42 所示。

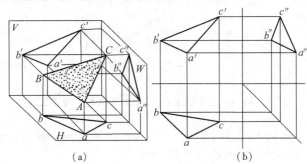

（a）　　　　　　　　　（b）

图 2－42　一般位置平面的投影

（3）投影特性

平面的三个投影既没有积聚性，也不反映实形，而是原平面图形的类似形。

（4）一般位置线的判别

三个投影三个框，定是一般位置面。

2.6.3　平面上的点和直线

1. 平面上的点

如果点在平面上任一条直线上，则此点一定在该平面上。

2. 平面上的直线

一直线若通过平面内的两点，则此直线必位于该平面上，由此可知，平面上直线的投影，必定是过平面上两已知点的同面投影的连线。

若点在直线上，直线在平面上，则点必定在平面上。

在平面上取点，首先要在平面上取线。而在平面上取线，又离不开在平面上取点。

【例 2－10】　已知 △ABC 平面上点 M 的正面投影 m'，求它的水平投影图 m（图 2－43（a））。

作图方法一：

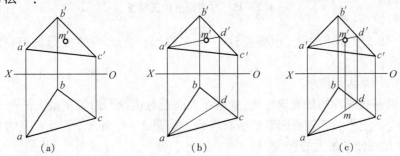

（a）　　　　　　　（b）　　　　　　　（c）

图 2－43　补出平面上点 M 的水平投影作图方法一

（a）已知条件；

（b）在正面投影上过 a' 和 m' 作辅助线 a'm'，并延长与 b'c' 相交于 d'；自 d' 向下引 OX 轴的垂线，与 bc 相交于 d，连 ad；

（c）自 m' 向下引 OX 轴的垂线，与 ad 相交于 m，m 即为所求

作图方法二：

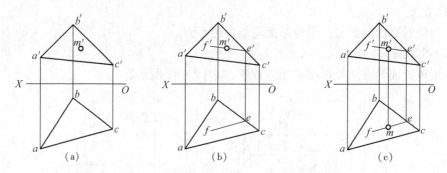

图 2 - 44　补出平面上点 M 的水平投影作图方法二

(a)已知条件；

(b)过 m' 作辅助线 $e'f'$，使 $e'f'$ ∥ $a'c'$；并与 $b'c'$ 相交于 e'；自 e' 向下引 OX 轴的垂线，与 bc 相交于 e，作 ef ∥ ac；

(c)自 m' 向下引 OX 轴的垂线，与 ef 相交于 m，m 即为所求

2.6.3　平面内的特殊位置直线

平面内的直线，其位置各不相同。其中常用的有平面内的正平线和水平线，以及与投影面成倾角最大的直线——最大斜度线，这些线统称为平面内投影面的特殊位置直线。

1. 平面内的正平线和水平线

要在一般面 ABC 上作一条正平线，可根据正平线的 H 投影是水平的这个投影特点，先在平面 ABC 的水平投影上作一任意水平线，作为所求正平线的 H 投影，然后作出它的 V 投影，如图 2 - 45 所示。

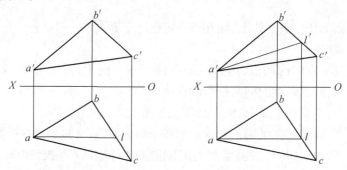

图 2 - 45　在平面上作正平线

在平面 ABC 上作水平线，也要抓住它的 V 投影一定水平的投影特点，作图步骤如图 2 - 46 所示。

2. 平面内的最大斜度线

平面上对某投影面的最大斜度线，就是在该面上对该投影面倾角最大的一条直线。它必然垂直于平面上平行于该投影面的所有直线。如图 2 - 47 所示，平面 P 上的直线 AB，是平面 P 上对 H 面倾角最大的直线。

要作△ABC 对 H 面的最大斜度线，如图2 - 48(a)所示。图 2 - 48(b)中 BK 垂直于正平线 AD，所以它就是面上对 V 面的最大斜度线。

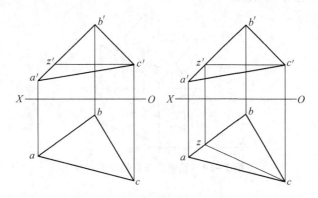

图 2 - 46　在平面上作水平线

（a）利用水平线的正面投影一定平行于 X 轴，作平面内任一直线平行于 X 轴；

（b）根据点的投影规律，求作另一投影

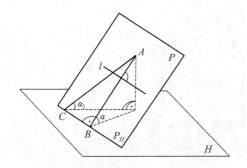

图 2 - 47　平面内对 H 面的最大斜度线

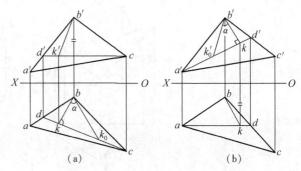

图 2 - 48　作平面上的最大斜度线

（a）H 面的最大斜度线；（b）V 面的最大斜度线

2.6.4　直线与平面相交、平面与平面相交

1. 特殊情况相交

特殊情况相交是指参与相交的无论是直线还是平面，至少有一个元素对投影面处于特殊位置，它在该投影面上的投影有积聚性。

（1）直线与平面相交（见图 2 - 49）

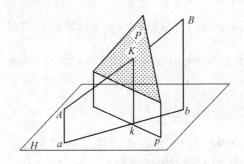

图 2 - 49　一般直线与铅垂面相交

（2）平面与平面相交（见图2-50）

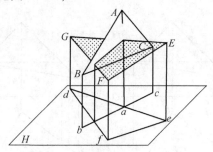

图 2-50　铅垂面与一般平面相交

【**例 2-11**】　求作铅垂面△ABC 与一般位置平面△EFG 的交线 MN。

作图方法：

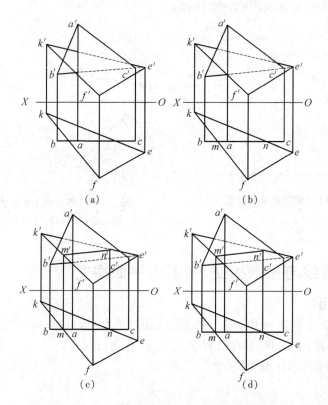

图 2-51　求作铅垂面与一般位置平面的交线

（a）已知条件；

（b）在铅垂面的积 △abc 上标出交线 MN 的水平投影 mn（端点 M 和 N 实际上是 GF 边和 GE 边与 △ABC 平面的交点）；

（c）自 m 和 n 分别向上作 OX 轴的垂线，与 g'f'和 g'e'相交于 m'和 n'；连接 m'n'，m'n'即为交线 MN 的正面投影；

（d）可见性的判断

2. 一般情况相交

一般情况相交是指参与相交的无论是直线还是平面在投影体系中均处于一般位置。可通过作辅助面的方法求出交点或交线的投影。

第3章 钢结构组成元素的投影

教学目的

1. 在掌握正投影的基础上掌握点的三面投影的投影规律及作图方法。
2. 掌握平面与平面立体、平面与曲面立体截交线的性质和作图方法。
3. 了解两个立体相交时产生的相贯线性质,熟练掌握利用积聚投影求相贯线的方法。
4. 掌握两个平面立体相交、平面立体与曲面立体相交时,产生的相贯线的作图方法。
5. 掌握同坡屋面概念及作图方法。

任务分析

在钢结构工程的梁、板、柱的施工图中大量存在点、线、面、体、组合体等元素,如图 3 - 1 所示,钢结构工程技术人员应掌握点的三面投影的投影规律及作图方法,平面与平面立体、曲面立体截交线的求解方法,利用积聚性求两个立体相交时的相贯线,同坡屋面的作图方法。

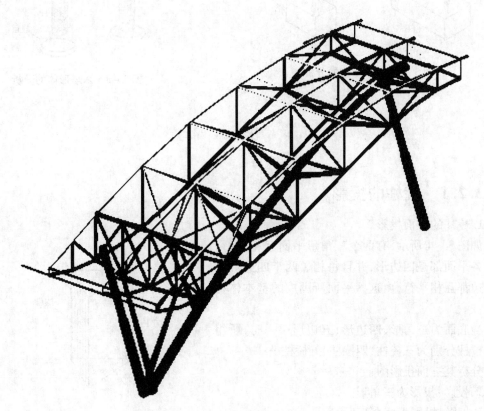

图 3 - 1　钢结构施工图示例

3.1 平面立体

3.1.1 平面立体的投影

基本形体:组成形体的最简单但又规则的几何体,叫做基本形体。任何复杂的形体,都可以看成是由一些基本形体按一定方式组合而成。

基本形体的分类:根据表面的组成情况,基本形体可分为平面立体和曲面立体两种。

平面立体:表面由若干平面围成的基本体,叫做平面立体。平面立体类型有棱柱、棱锥、棱台等。

平面立体的投影:作平面立体的投影,就是作出组成平面立体的各平面的投影。

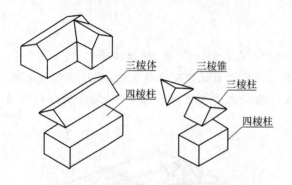

图 3-2 房屋形体的分析

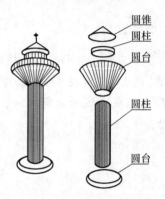

图 3-3 水塔形体的分析

3.2 棱 柱

3.2.1 棱柱的投影

1. 棱柱的三面投影

如图 3-4 所示,有两个三角形平面互相平行,其余各平面都是四边形,并且每相邻两个四边形的公共边都互相平行,由这些平面所围成的基本体称为棱柱。

当底面为三角形、四边形、五边形……时,所组成的棱柱分别为三棱柱、四棱柱、五棱柱……

分析其三面投影图:

W 投影:投影为三角形。

H 投影:投影为两个矩形。

V 投影:投影为一个矩形。

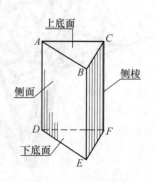

图 3-4 三棱柱体

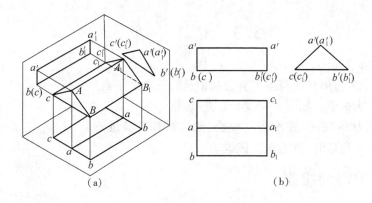

图 3 - 5　三棱柱的三面投影

(a)立体图;(b)投影图

2. 棱柱表面定点和定线

【**例 3 - 1**】　如图 3 - 6 所示,已知三棱柱上直线 AB, BC 的 V 投影,求另外两个投影。

【**例 3 - 2**】　如图 3 - 7 所示,已知四棱柱表面上点 K 的 V 投影和点 M 的 V 投影,求它们的另外两个投影。

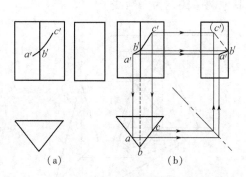

图 3 - 6　三棱柱表面上的点和线

(a)已知条件;(b)作图

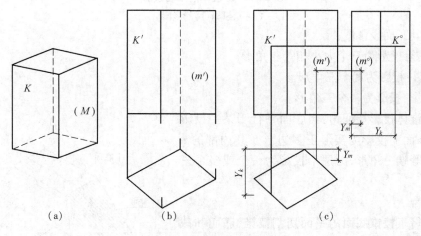

图 3 - 7　四棱柱表面上的点

(a)立体图;(b)已知条件;(c)作图

3.3 棱　　锥

定义:由一个多边形平面与多个有公共顶点的三角形平面所围成的几何体称为棱锥。如图 3 - 8 所示为三棱锥。

根据不同形状的底面,棱锥有三棱锥、四棱锥和五棱锥等。当棱锥底面为正 n 边形时,称为正 n 棱锥。

3.3.1 棱锥的投影

1. 棱锥

如图 3 - 9 所示为一正三棱锥,三棱锥底面 ABC 是水平面,后棱面 SAC 是侧垂面,其他两个侧面都是一般面;棱线 SB 为侧平线,其他两条棱线为一般线。

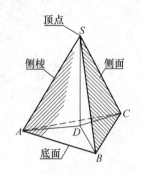

图 3 - 8　三棱锥

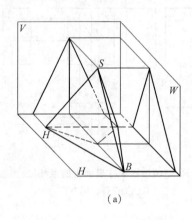

(a)

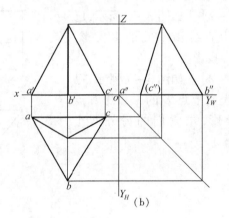

(b)

图 3 - 9　三棱锥的三面投影

(a)立体图;(b)投影图

分析其三面投影图:

H 投影:投影为三个大小相等三角形。

V 投影:投影为两个三角形。

W 投影:投影为一个三角形。

正棱锥体投影特征为:当底面平行于某一投影面时,在该面上投影为实形正多边形及其内部的 n 个共顶点等腰三角形,另两个投影为一个或多个三角形。

2. 棱台

用平行于棱锥底面的平面切割棱锥,底面和截面之间的部分称为棱台,如图 3 - 10 所示。

由三棱锥、四棱锥、五棱锥……切得的棱台,分别称为三棱台、四棱台、五棱台……

图 3 - 11 所示为上下底面为矩形的正四棱台

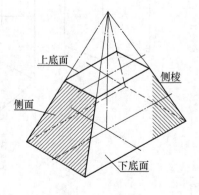

图 3 - 10　棱台

立体图和投影图,正四棱台上下底面为水平面,左右侧面为正垂面,前后侧面为侧垂面。

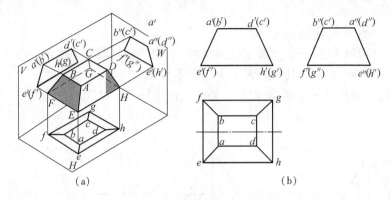

(a)　　　　　　　　　　　　(b)

图 3 – 11　正四棱台的三面投影

(a)立体图;(b)投影图

分析其三面投影图:

H 投影:投影为大小两个矩形。

V 投影、*W* 投影:为等腰梯形。

平面体的投影特点是:

(1)平面体的投影,实质上就是点、直线和平面投影的集合;

(2)投影图中的线条,可能是直线的投影,也可能是平面的积聚投影;

(3)投影图中线段的交点,可能是点的投影,也可能是直线的积聚投影;

(4)投影图中任何一封闭的线框都表示立体上某平面的投影;

(5)当向某投影面作投影时,凡看得见的直线用实线表示,看不见的直线用虚线表示;

(6)在一般情况下,当平面的所有边线都看得见时,该平面才看得见。

3.3.2　棱锥表面定点和定线

【例 3 – 3】　如图 3 – 12 所示,已知三棱锥表面上点 *K* 的 *V* 投影 *k'* 和点 *M* 的 *H* 投影 *m'*,求它们的另外两个投影。

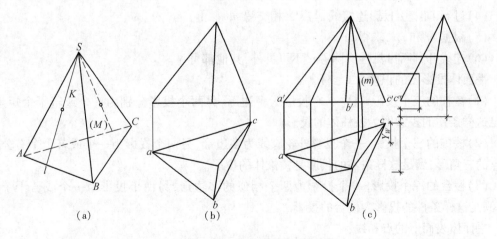

(a)　　　　　　　　　(b)　　　　　　　　　(c)

图 3 – 12　三棱锥表面上的点

(a)立体图;(b)已知条件;(c)作图

作图:利用过锥顶的辅助线求 K,M 两点的各投影。

(1)过 k' 作 $s'1'$。

(2)求出 H 投影 1,连接 $s1$ 以及 $s''1''$。

(3)过 k' 分别向下、向右引投影连接线与 $s1$ 及 $s''1''$ 相交,即得 k 和 k''。

同理,可求得 m' 和 m''。其中点 K 的 V 投影不可见。

【例 3 - 4】　如图 3 - 13 所示,已知三棱锥表面上线 KL,LM 的 H 投影,求它们的另外两个投影。

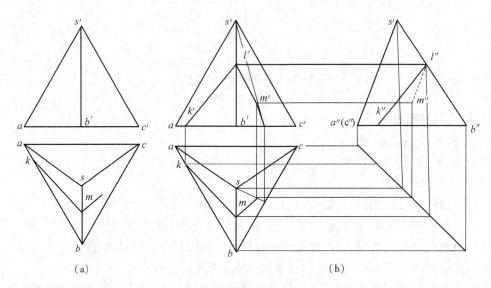

(a)　　　　　　　　　　　　　　　　　　(b)

图 3 - 13　四棱锥表面上的线

(a)已知条件;(b)作图

作图:

(1)过 k 向上引投影连接线,求出 $a'b'$ 上的 k',再求出 k''。

(2)过 l 通过 35°作图线求得 l'',再过 l'' 向左引投影连接线求出 l'。

(3)连接 sm 为辅助线,与 bc 交于点 1,求出 $s'1'$。

(4)过 m 向上引投影连接线,与 $s'1'$ 相交得 m'。

(5)根据 m 和 m',求得 m''。

(6)连线并判断可见性。除 $l''m''$ 不可见外,其他都可见。

平面体投影图的识读:

(1)棱柱的三个投影,其中一个投影为多边形,另两个投影分别为一个或若干个矩形,满足这样条件的投影图为棱柱体的投影。

(2)棱锥的三个投影,一个投影外轮廓线为多边形,另两个投影为一个或若干个有公共顶点的三角形,满足这样条件的投影是棱锥体的投影。

(3)棱台的三个投影,一个投影为两个相似的多边形,另两个投影为一个或若干个梯形,满足这样条件的投影为棱台的投影。

平面体表面上的点和线:

平面体表面上点和直线的投影实质上就是平面上的点和直线的投影,不同之处是平面体表面上的点和直线的投影存在着可见性的判断问题。

3.4　曲面立体的投影

定义:基本体的表面是由曲面或由平面和曲面围成的体叫做曲面立体。

常见的曲面立体有圆柱、圆锥、圆台和圆球等。

由于曲面立体的表面多是光滑曲面,不像平面立体有着明显的棱线,因此,作曲面立体投影时,要将回转曲面的形成规律和投影表达方式紧密联系起来,从而掌握曲面投影的表达特点。

3.4.1　圆柱

1.圆柱投影特性及作图方法

圆柱的形成:直线 AA_1,绕着与它平行的直线 OO_1 旋转,所得圆柱体如图 3 - 14 所示。

如图 3 - 15(a)所示为一圆柱体,该圆柱的轴线垂直于水平投影面,顶面与底面平行于水平投影面。其投影如图 3 - 15(b)所示。

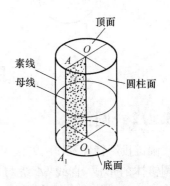

图 3 - 14　圆柱的形成

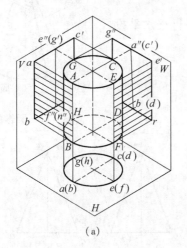

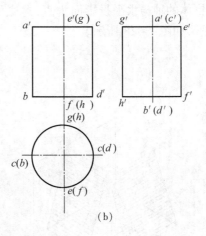

图 3 - 15　圆柱的三面投影

(a)立体图;(b)投影图

分析其三面投影图:

H 投影:其投影为一圆形。

其他两投影:其投影为两个大小相等的矩形。

2.圆柱表面定点和定线

对于回转曲面,就是利用回转曲面上的素线(直母线在回转面上的任意位置)或纬圆(母线上任意一点的旋转轨迹皆是回转曲面上的圆周)确定在其上的点的投影位置。前者称为素线法,后者称为纬圆法。

【例 3 – 5】 如图 3 – 16 所示,已知圆柱面上两点 A 和 B 的正面投影 a' 和 b',求出它们的水平投影 a, b 和侧面投影 a'', b''。

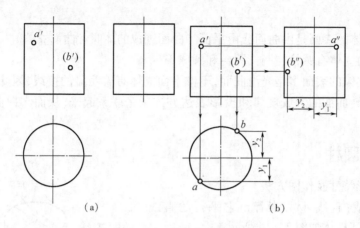

图 3 – 16 圆柱表面上的点

(a)已知条件;(b)作图

3.4.2 圆锥

1. 圆锥投影特性及作图方法

圆锥体的形成:直线 SA 绕与它相交的另一直线 SO 旋转,所得轨迹是圆锥面,圆锥体如图 3 – 17 所示。

正圆锥体的轴与水平投影面垂直,即底面平行于水平投影面,其投影如图 3 – 18 所示。

图 3 – 17 圆锥的形成

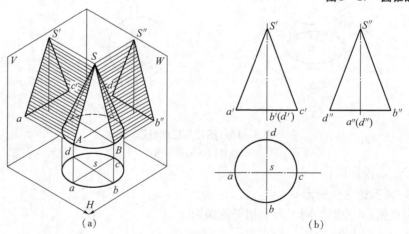

图 3 – 18 圆锥的投影

(a)直观图;(b)投影图

2. 圆锥表面定点和定线

（1）素线法

圆锥体上任一素线都是通过顶点的直线，已知圆锥体上一点时，可过该点作素线，先作出该素线的三面投影，再利用线上点的投影求得。如图 3 – 19（b）所示。

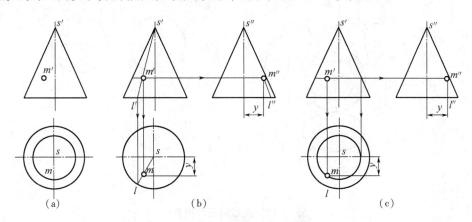

图 3 – 19　圆锥表面上的点

(a)已知条件；(b)素线法作图；(c)纬圆法作图

（2）辅助圆法（纬圆法）

已知圆锥体上一点时，可过该点作与轴线垂直的纬圆，先作出该纬圆的三面投影，再利用纬圆上点的投影求得。如图 3 – 19（c）所示。

【例 3 – 5】　如图 3 – 19 所示，已知圆锥面上 M 点的正面投影 m'，求作它的水平投影 m 和侧面投影 m''。

作图方法：

（1）素线法

①连 $s'm'$ 并延长，使与底圆的正面投影相交于 $1'$ 点，求出 $s1$ 及 $s''1''$，$s1$ 即为过 M 点且在圆锥面上的素线。

②已知 m'，应用直线上取点的作图方法求出 m 和 m''。

（2）纬圆法

①在正面投影中过 m' 作水平线，与正面投影轮廓线相交（该直线段即为纬圆的正面投影）。取此线段一半长度为半径，在水平投影中画底面轮廓圆的同心圆（此圆即是该纬圆的水平投影）。

②过 m' 向下引投影连线，在纬圆水平投影的前半圆上求出 m，并根据 m' 和 m，求出 m''。

3.4.3　圆球

圆球的形成：圆周曲线绕着它的直径旋转，所得轨迹为球面，该直径为导线，该圆周为母线，母线在球面上任一位置时的轨迹称为球面的素线，球面所围成的立体称为球体。如图 3 – 20 所示。

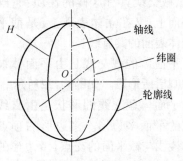

图 3 – 20　圆球的形成

球体的投影为三个直径相等的圆。如图 3 - 21 所示。

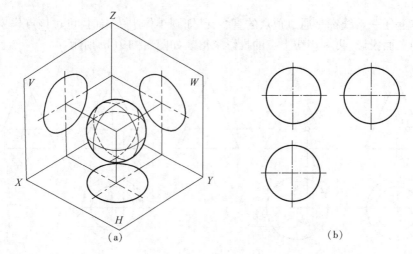

图 3 - 21　圆球的三面投影

(a)立体图;(b)投影图

本讲小结

1. 平面立体是由多个平面多边形组成的,常见的如棱柱、棱锥等。

2. 曲面立体多是曲面回转体,由曲面或曲面和平面组成的,常见的如圆柱、圆锥、圆球等。

3. 平面体表面上点和直线的投影实质上就是平面上的点和直线的投影。

4. 曲面体表面上的点和直线的投影可利用曲面体投影的积聚性、辅助素线法和辅助圆等方法求得。

3.5　平面体的截交线

截平面与立体表面的交线称为截交线,截交线具有这样的性质:它既在截平面上,又在立体表面上,是截平面与立体表面的共有线。

平面体的截交线是由平面体被平面切割后所形成。如图3 - 22所示。

平面体截交线的形状是由直线段围成的平面多边形。多边形的顶点是立体棱线与截平面的交点,多边形的各边是截平面与立体表面上不同平面的交线。

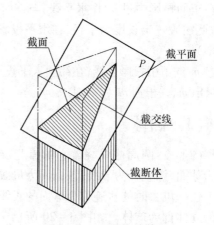

图 3 - 22　平面体的截断

【例 3 – 6】　如图 3 – 23 所示,求正垂面 P 与四棱柱的截交线。

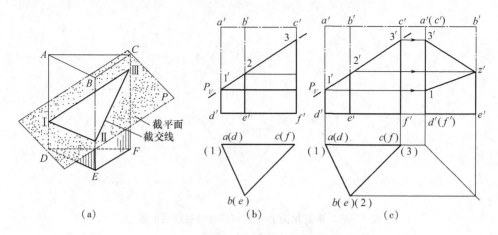

（a）

图 3 – 23　正垂面 P 与三棱柱的截交线

（a）立体图;（b）已知条件;（c）截交线

作图方法:

(1)过正面投影上截交线顶点,向左引投影连接线与对应的侧棱投影相交得到四个点。

(2)顺序连接各点,得截交线 W 投影,为可见。

【例 3 – 7】　如图 3 – 24 所示,已知带缺口三棱柱的 V 投影和 H 投影轮廓,补全三棱柱的 H 投影和 W 投影。

作图方法:

(1)仔细观察 V 投影,将各截平面图形的顶点编号。P 平面截交线上各点为1,2,3,3,Q 平面截交线上各点为3,3,5,6,R 平面截交线上各点为5,6,7,8。

(2)各交点向 H 投影引投影连线,得到各交点的 H 投影。

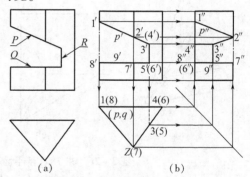

图 3 – 24　求带缺口的三棱柱的三面投影

（a）已知条件;（b）作图

(3)顺序连接各截平面上的交点,并判断其可见性,补全 H 投影。

(4)由 H,V 投影,画出三棱柱轮廓线和各交点的 W 投影。

(5)连接相关交点,判断截交线的可见性,补全 W 投影。

【例 3 – 8】　如图 3 – 25 所示,求正垂面与三棱锥的截交线。

作图方法:

(1)过 $1'$,$2'$,$3'$ 向下引投影连接线,与 sa,sb,sc 相交,得1,2,3。

(2)过 $1'$,$2'$,$3'$ 向侧面引投影连接线,与 $s''a''$,$s''b''$,$s''c''$ 相交,得 $1''$,$2''$,$3''$。

(3)连接各交点的同面投影,并判断可见性,即为所求。三棱锥各棱面 H 投影皆可见,故截交线水平投影都可见。侧面投影中,三棱锥棱面 SBC 不可见,故处于其上的 $2''3''$ 段截交线不可见。

【例 3 – 9】　如图 3 – 26 所示,求 P,Q 两平面与三棱锥截交线的投影。

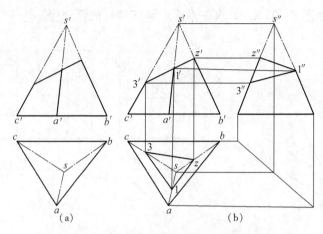

图 3－25　求正垂面 P 平面与三棱锥截交线的投影

(a)已知条件；(b)作图

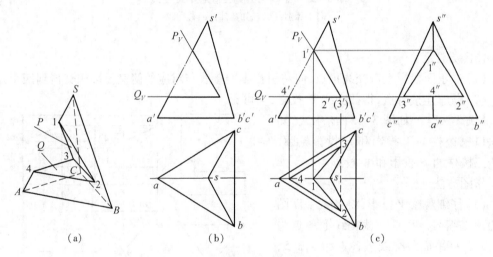

图 3－26　求 P,Q 两平面与三棱锥截交线的投影

(a)立体图；(b)已知条件；(c)作图

作图方法：

(1)在 V 投影上直接标出 PQ 两平面与棱线 SA 的交点 $1'$ 和 $3'$，以及两平面 PQ 的交线的 V 投影 $2''(3'')$，由 $1'$ 和 $3'$ 求出 1 和 3，$1''$ 和 $3''$。

(2)在 H 投影面上，作 $32//ab$，$33//ac$，由投影 $2''$，$(3'')$ 点向下引投影连接线，求出 H 投影 2，3。

(3)由点 2，3 的 H,V 投影，分别求出其 W 投影。

(3)顺序连接各交点的同面投影，并判断可见性，即为所求。只有线段 23 的 H 投影为不可见，其他都可见。

3.6　曲面体的截交线

曲面立体的截交线一般是封闭的平面曲线，有时是曲线和直线组成的平面图形，如

图 3 – 27 所示。

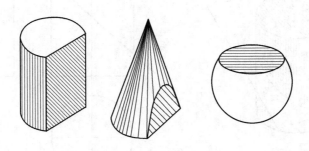

图 3 – 27　曲面立体截交线的形状

截交线上的点一定是截平面与曲面体的公共点,只要求得这些公共点,将同面投影依次相连即得截交线。

当截平面切割圆柱体和圆锥体时,圆柱体的截交线出现圆、椭圆、矩形三种情况。

当截平面与圆锥体轴线的相对位置不同时,圆锥体的截交线出现圆、椭圆、抛物线、双曲线、三角形五种情况。

当截平面切割圆球体时,无论截平面与圆球体的相对位置如何,截交线的形状都是圆,如图 3 – 27 所示。

求曲面体截交线的方法可分为两类:

(1)素线法　选取曲面上一系列素线,求它们与截平面的一系列共有点的方法;

(2)纬圆法　选取曲面上一系列纬圆,求它们与截平面的一系列共有点的方法。

在实际解题时,往往是两种方法联用。

【例 3 – 10】　如图 3 – 28 所示,求正垂面 P 与正圆柱的截交线。

作图方法:

1. 求特殊点

(1)曲面投影轮廓线上的点,多数情况下它们也是截交线各投影的可见性分界点。

(2)能够确定截交线投影范围的边界点,如截交线上最高点、最低点,最前点、最后点,最左点、最右点等。

(3)能够确定截交线投影几何形状的点(如椭圆长轴、短轴的端点)。

2. 求一般点

在正面投影的特殊点之间选取 $5'(6')$,$7'(8')$,先求出对应的水平投影,然后再求出其侧面投影;也可在水平投影中的特殊点之间取四个对称位置的中间点 5,6,7,8,先求出它们的正面投影,然后再求出其侧面投影。

3. 连线并判断可见性

圆滑连接侧面投影中所求各点(连接时注意椭圆的对称性),其中 3″ – 7″ – 8″ – 3″ 段位于圆柱右半部,侧面投影为不可见,画成虚线。

从图 3 – 29(c)中可以看出:在 W 面投影中,截交线椭圆的投影将随着截平面与水平线的夹角而变化。

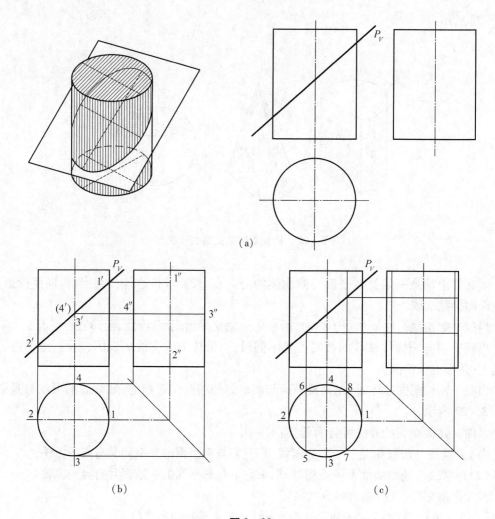

(a)

(b)   (c)

图 3 - 28

(a)已知条件;(b)求特殊点;(c)求一般点、连接并判断可见性

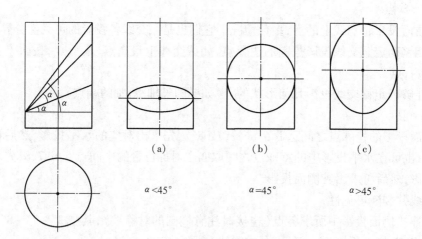

(a)   (b)   (c)

$\alpha < 45°$ $\alpha = 45°$ $\alpha > 45°$

图 3 - 29　截交线椭圆与夹角 α 的关系

【例 3 – 11】 如图 3 – 30 所示,求正垂面 P 与圆锥的截交线。

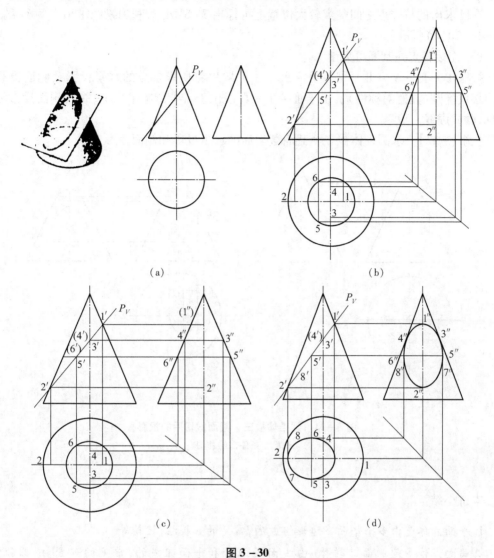

图 3 – 30

(a)已知条件;(b)求截交线上的特殊点;(c)求截交线上的一般点;

(d)连点并判断可见性

作图方法:

(1)求特殊点

①截交线的最高、最低点 Ⅰ 和 Ⅱ;先在正面投影中标出 1′,2′,再求其水平投影和侧面投影。

②截交线侧面投影的可见性分界点 Ⅲ,Ⅳ;先标出 3′,(3′),再利用投影关系直接求出 3″,3″,最后求出 3,3。

③椭圆长短轴的端点:椭圆的长轴位于截平面内过椭圆中心的正平线上,其两端为 Ⅰ,Ⅱ 点。根据长短轴相互垂直且平分的几何关系,可知短轴是一正垂线,其正面投影 5′,(6′)积聚为一点,位于长轴正面投影的中点处。过 5′,(6′)作纬圆,即可求出 5,6 和 5″,6″。

（2）求一般点

在已求出的特殊点之间空隙较大位置上再标出 7′,8′两点,利用素线求出 7,8 和 7″,8″,如图 3 – 30(c)所示。

（3）连接各点并判断可见性

按照Ⅰ – Ⅲ – Ⅴ – Ⅱ – Ⅷ – Ⅵ – Ⅳ – Ⅰ的顺序将所求各点的水平投影及侧面投影圆滑连接成椭圆(注意对称性)。由于Ⅲ – Ⅰ – Ⅳ段位于右半侧圆锥面上,故其侧面投影为不可见,画成虚线。

【例 3 – 12】　求圆锥体被三个截面截切后的水平投影和侧面投影。

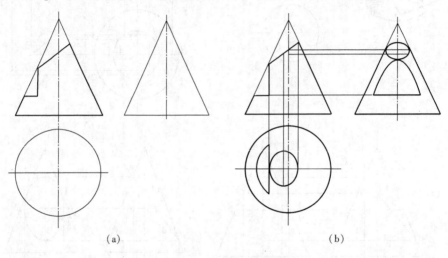

（a）　　　　　　　　　　　　　　　　　（b）

图 3 – 31　圆锥体被三个截面截切后的投影

(a)已知条件;(b)作图

本讲小结

1. 平面立体是由多个平面多边形组成的,常见的如棱柱、棱锥等。

2. 曲面立体多是曲面回转体,由曲面或曲面和平面组成的,常见的如圆柱、圆锥、圆球等。

3. 截交线的求解。截交线是由平面与立体相交产生的。

当平面与平面体相交时,其截交线的形状是由直线段围成的平面多边形。求平面立体的截交线,应先求出立体上各棱线与截平面的交点,然后将同一侧面上的两交点用直线段连接起来,即为所求的截交线。

当平面与曲面体相交时,其截交线一般是封闭的平面曲线,有时是曲线和直线组成的平面图形。求曲面体的截交线可采用素线法或纬圆法求解。

3.7　两平面立体的相贯

两个相交的立体称为相贯体,两立体表面的交线称为相贯线。

两平面立体相交,其相贯线在一般情况下是封闭的空间折线,但有时也会是平面多边形。如图3-32所示。

求两个平面立体的相贯线的方法可归纳为:

(1)求出各个平面立体的有关棱线与另一个立体的贯穿点。

(2)将位于两立体各自的同一棱面上的贯穿点(相贯点)依次相连,即为相贯线。

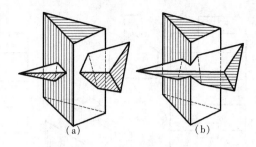

图3-32 两平面立体相贯
(a)全贯;(b)互贯

(3)判别相贯线各段的可见性。

(4)如果相贯的两立体中有一个是侧棱垂直于投影面的棱柱体,且相贯线全部位于该棱柱体的侧面上,则相贯线的一个投影必为已知,故可由另一立体表面上按照求点和直线未知投影的方法,求作出相贯线的其余投影、折断图形简化画法。

【例3-13】 已知三棱柱与三棱锥相交,求它们的表面交线。如图3-33(a)所示。

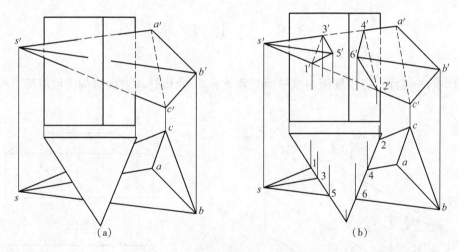

图3-33 求三棱柱与三棱锥相贯线
(a)已知条件;(b)作图

作图方法:

(1)求贯穿点。利用三棱柱在 H 面上的积聚投影直接求得三棱锥三条侧棱 SC,SA,SB 与棱柱左右侧面交点的 H 投影1,2,3,4,5,6,据此再作出 V 投影1',2',3',4',5',6'。

(2)连贯穿点。根据"位于甲形体同一侧面同时又位于乙形体同一侧面两点才能相连"的原则,在 V 投影上分别连成1'3'5'和2'4'6'两条相贯线。

(3)判断可见性。根据"同时位于两形体都可见的侧面上的交线才可见"的原则来判断,在 V 投影上,三棱柱左、右两侧面均可见,三棱锥 SAB,SBC 面也均可见,所以交线1'5',3'5'和2'6',4'6'可见,而1'3',2'4'不可见。

【例3-14】 求烟囱与屋面的相贯线。如图3-34所示。

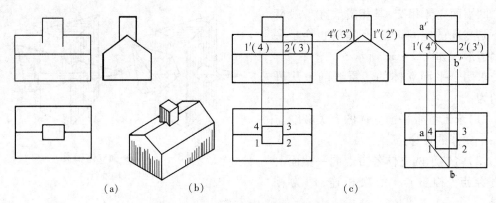

图 3 – 34　烟囱与屋面相贯线的作法

(a)已知条件;(b)作法之一;(c)作法之二

作图方法:

在侧面投影中直接标注出 $1''(2'')$,$3''(4'')$,根据投影特性即可求出 $1',2',3',4'$,如图 3 – 34(b)。

3.8　同 坡 屋 面

如果同一屋面上各个坡面与水平面的倾角 α 相等,则这些坡面称为同坡屋面。

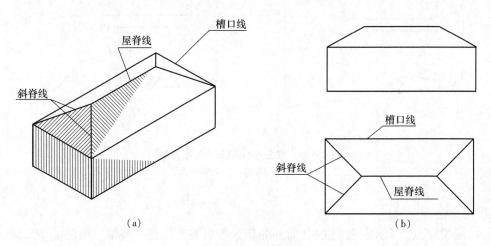

图 3 – 35　同坡屋面

(a)立体图;(b)投影图

同坡屋面有如下特点:

(1)同坡屋面如前后檐口线平行且等高时,前后坡面必相交成水平的屋脊线。屋脊线的 H 投影必平行于檐口线的 H 投影,且与檐口线等距。

(2)檐口线相交的相邻两个坡面必相交于倾斜的斜脊线或天沟线。

(3)在屋面上如果有两斜脊、两天沟,或一斜脊、一天沟相交于一点,则必有第三条屋脊线通过该点。作同坡屋面的投影图,可根据同坡屋面的投影特点,直接求得水平投影,再根据各坡面与水平面的倾角求得 V 面投影以及 W 面投影。

【**例 3 – 15**】　已知屋面倾角 α 和屋面的平面形状,如 3 – 36(a)所示,求屋面的 V,W 投影和屋面交线。

作图方法:

(1)在屋面平面图形上经每一屋角作 45°分角线。在凸墙角上作的是斜脊,在凹角上作的是天沟,其中两对斜脊分别交于点 a 和点 f,见图 3 – 36(b)。

(2)作每一对檐口线(前后和左右)的中线,即屋脊线。通过点 a 的屋脊线与墙角 2 的天沟线相交于 b,过点 f 的屋脊线与墙角 3 的斜脊线相交于 e。对应于左右檐口(23 和 67)的屋脊线与墙角 6 天沟线和墙角 7 的斜脊线分别相交于点 d 和点 c(图 3 – 36(c))。

(3)连 bc 和 de,折线 $abcdef$ 即所求屋脊线。$a1,a8,c7,e3,f4,f5,bc,de$ 为斜脊线,$b2,d6$ 为天沟线。

(4)根据屋面倾角 α 和投影规律,作出屋面 V,W 的投影,见图 3 – 36(d)。

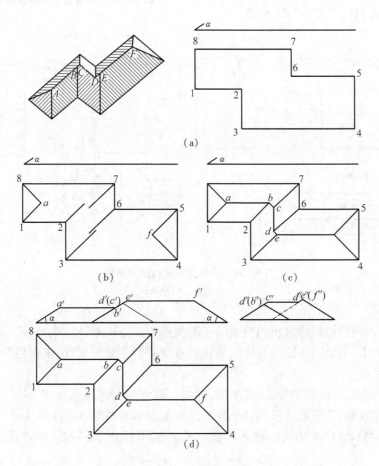

图 3 – 36　同坡屋面交线

(a)已知条件;(b)第一步;(c)第二步,第三步;(d)第四步

3.9　平面立体与曲面立体的相贯

平面立体与曲面立体相交时,相贯线是由若干段平面曲线或平面曲线和直线所组成。如图3-37所示是建筑上常见构件柱、梁、板连接的直观图。

【例3-16】 求方梁与圆柱的相贯线。如图3-38(a)所示。

具体作图步骤见图3-38(b)。

(1)首先根据H,W积聚投影,直接标注出相贯线上折点的水平投影1,2,3,4,5,6,7,8和侧面投影1″,2″,3″,4″,5″,6″,7″,8″。

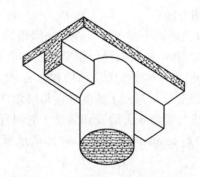

图3-37　方梁与圆柱相贯的直观图

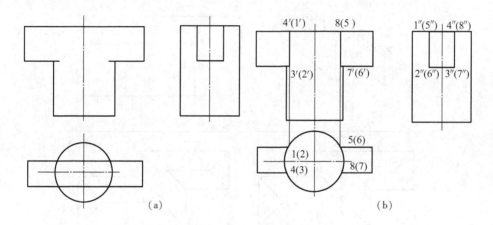

(a)　　　　　　　　　　　　　　(b)

图3-38　求方梁与圆柱的相贯线
(a)已知条件;(b)投影作图

(2)利用点的投影规律求出相贯线的正面投影1′,2′,3′,4′,5′,6′,7′,8′。

【例3-17】 如图3-39(a)所示,给出圆锥薄壳的主要轮廓线,求作相贯线。

作图方法:

(1)求特殊点。先求相贯线的转折点,即四条双曲线的连接点A,B,M,G。可根据已知的四个点的H投影,用素线法求出其他投影。再求前面和左面双曲线最高点C,D。

(2)同样用素线法求出两对称的一般点E,F的V投影e',f'和一般点Ⅰ,Ⅱ的W投影$1''$,$2''$。

(3)连点。V投影连接$a'e'c'f'b'$,W投影连接$a''1''d''2''g''$。

(4)判别可见性。相贯线的V,W投影都可见。相贯线的后面和右面部分的投影,与前面和左面部分重影。

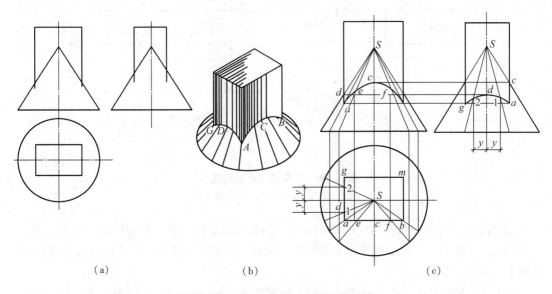

图 3－39　圆锥薄壳基础相贯的投影图

(a)已知条件；(b)直观图；(c)投影作图

3.10　两曲面立体的相贯

两曲面立体相贯，其相贯线一般是封闭的空间曲线，特殊情况下为封闭的平面曲线，如图 3－40 所示。

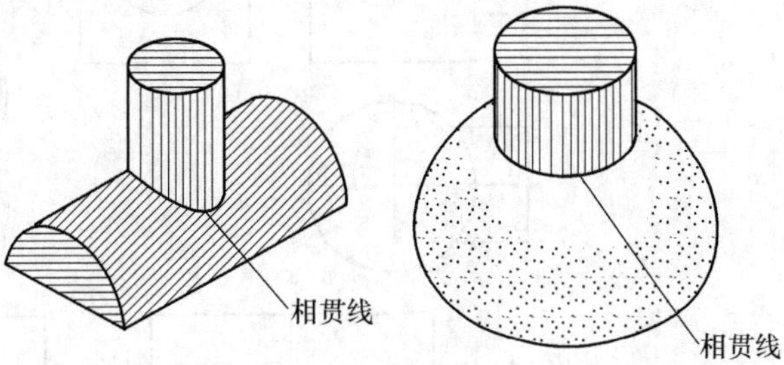

两曲面立体的相贯线，是两曲面立体的共有线，可以通过求一些共有点后连线而成。

求相贯线的作图步骤：

(1)分析　分析两立体之间以及它们与投影面的相对位置，确定相贯线形状。

(2)求点　求点方法主要有两种。

①利用立体表面的积聚性直接求解。

②利用辅助平面法求解。

(3)连线　依次光滑连接各共有点，并判别相贯线的可见性。

图 3－40　两曲面立体相贯

(a)相贯线为封闭的空间曲线；(b)相贯线为封闭的平面曲线

3.10.1　利用积聚性求相贯线

【例 3－18】　如图 3－41 所示，已知两拱形屋面相交，求它们的交线。

作图方法：

(1)求特殊点。最高点 A 是小圆柱最高素线与大拱的交点。最低、最前点 B 和 C(也是

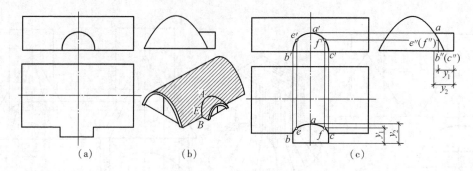

图3-41 求两拱形屋面相贯线

(a)已知条件;(b)直观图;(c)投影作图

最左、最右点),是小圆柱最左、最右素线与大拱最前素线的交点。它们的三投影均可直接求得。

(2)求一般点 E,F。在相贯线 V 投影的半圆周上任取点 e' 和 f'。$e''(f'')$ 必在大拱的积聚投影上。据此求得 e,f。

(3)连点并判别可见性。在 H 投影上,依次连接 $b-e-a-f-c$,即为所求。由于两拱形屋面的投影均为可见,所以相贯线的 H 投影为可见,画为实线。

【例3-19】 如图3-42所示,求作两轴线正交的圆柱体的相贯线。

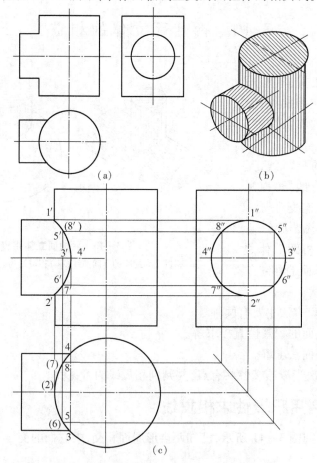

图3-42 两轴线正交的圆柱体的相贯线作图

(a)已知条件;(b)直观图;(c)投影作图

（1）求特殊点。正面投影中两圆柱投影轮廓相交处的 1′,2′两点分别是相贯线上的最高点和最低点（同时也是最左点），它们的水平投影落在大圆柱最左边素线的水平投影上，1和（2）重影。

Ⅲ,Ⅳ两点分别位于小圆柱的两条水平投影轮廓线上，它们是相贯线上的最前点和最后点，也是相贯线上最右位置的点。可先在小圆柱和大圆柱水平投影轮廓的交点处标出 3和 4，然后再在正面投影中找到 3′和（4′）（前、后重影）。

（2）求一般点。先在小圆柱侧面投影（圆）上的几个特殊点之间，选择适当的位置取几个一般点的投影，如 5″,6″,7″,8″等，再按投影关系找出各点的水平投影 5,（6）,（7）,8,最后作出它们的正面投影 5′,6′,（7′）,（8′）。

（3）连点并判别可见性。在连接各点成相贯线时，应沿着相贯线所在的某一曲面上相邻排列的素线（或纬圆）顺次圆滑连接。

3.10.2　利用辅助面求相贯线

【例 3 - 20】　如图 4 - 43 所示，求圆柱与圆锥的相贯线。

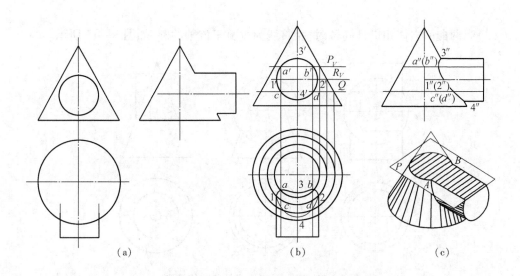

图 3 - 43　圆柱与圆锥的相贯线作图
(a)已知条件;(b)投影作图;(c)直观图

（1）利用积聚性求出相贯线的最高点 3′,3″和最低点 4′,4″,根据点的投影规律求出 3 和 4。

（2）利用辅助面求出相贯线的最左、最右点，其 V 投影 1′,2′直接标出。过圆柱作水平辅助面 R 与圆锥的交线是水平纬线圆，其 H 投影与圆柱面的前后两条轮廓线投影的交点就是最左点和最右点的 H 投影 1,2。由 1′,1 和 2′,2 求 1″,2″。

（3）作辅助面 P,Q,求一般点 A,B 和 C,D。作水平辅助面 P_V,Q_V,求出 P_V 平面与圆柱面交线的 H 投影（矩形），以及 P_V 平面与圆锥面交线的 H 投影（圆），两 H 投影的交点 a,b 即求出。由 a,b 求出 a′,b′和 a″,b″。同理，利用 Q_V 平面求出 c,d 和 c′,d′和 c″,d″。

（4）连点并判断可见性。由于形体左右对称，故 W 投影中 3″a″1″c″4″与 3″b″2″d″4″重叠，左边可见,右边不可见。H 投影中 1a3b2 可见,1c4d2 不可见。

3.10.3　两曲面立体相贯的特殊情况

在一般情况下,两曲面体的交线为空间曲线,但在下列情况下,可能是平面曲线或直线。

(1)当两曲面立体相贯具有公共的内切球时,其相贯线为椭圆,如图 3 - 44 所示。

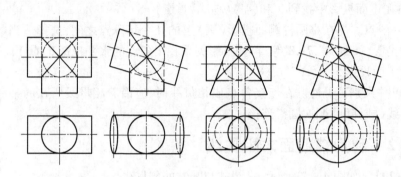

图 3 - 44　两个圆柱或者圆柱与圆锥公切于一个球面而相交的相贯线

(2)当两曲面立体相贯且同轴时,相贯线为垂直于该轴的圆,如图 3 - 45 所示。

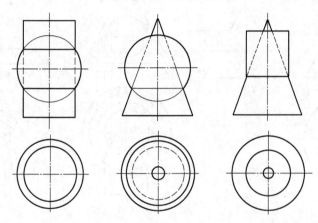

图 3 - 45　两共轴相交回转体的相贯线

实际工程中常见的曲面相交情况,如图 3 - 46,图 3 - 47 所示。

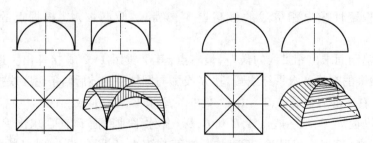

图 3 - 46　圆柱面组成的屋顶交线

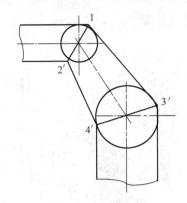

图 3 – 47　导管连接

3.11　组合体多面正投影图的画法

组合体是由若干个基本几何体组合而成的。常见的基本几何体是棱柱、棱锥、圆柱、圆锥、球等。

表达组合体一般情况下是画三投影图。所谓三投影图是指在三面投影体系中,V 面投影通称正面投影图,H 面投影通称水平投影图,W 面投影通称侧面投影图,合称"三投影图"。图 3 – 48 所示为某高层钢结构建筑。

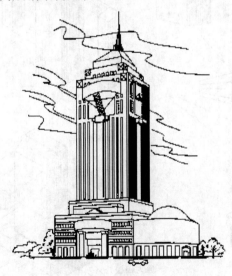

图 3 – 48　某高层钢结构建筑

3.11.1　形体分析

1. 形体分析法

对组合体中基本形体的组合方式、表面连接关系及相互位置等进行分析,弄清各部分的形状特征,这种分析过程称为形体分析法。

图 3 - 49 所示即为房屋的简化模型。

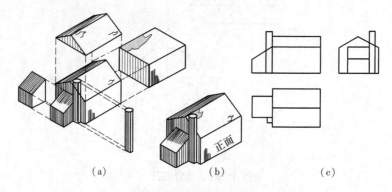

(a)　　　　　　　　　　　(b)　　　　　　　　　　(c)

图 3 - 49　房屋的形体分析及三面投影图

(a)形体分析;(b)房屋轴测图;(c)三面投影图

2. 组合体的组合方式及连接关系

组合体的组合方式可以是叠加、相贯、相切、切割等多种形式。

(1)叠加式　把组合体看成由若干个基本形体叠加而成,如图 3 - 50(a)所示。

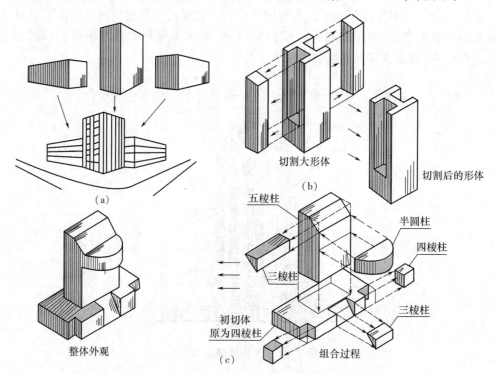

图 3 - 50　组合方式

(a)叠加式组合体;(b)切割式组合体;(c)混合式组合体

(2)切割式　组合体是由一个大的基本形体经过若干次切割而成,如图 3 - 50(b)所示。

(3)混合式　把组合体看成既有叠加又有切割所组成,如图 3 - 50(c)所示。

组合的表面连接关系是指基本形体组合成组合体时,各基本形体表面间真实的相互关系。组合体的表面连接关系主要有:两表面相互平齐、相切、相交和不平齐,如图 3 - 51 所示。

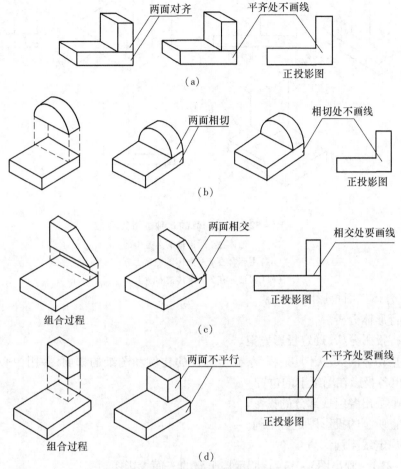

图 3 - 51 组合体的表面连接关系

(a)表面平齐;(b)表面相切;(c)表面相交;(d)表面不平齐

组合体是由基本形体组合而成的,所以基本形体之间除表面连接关系以外,还有相互之间的位置关系。图 3 - 52 所示为叠加式组合体组合过程中的几种位置关系。

3.11.2 组合体投影图的画法

1. 形体分析

大多数机件都可看成由一些基本形体(如棱柱、棱锥、圆柱、圆锥等)组合而成。这些基本形体可以是完整的,也可以是经过钻孔、切槽等加工后组合而成的。

这种将物体分解成若干个基本形体并弄清它们之间的相对位置和组合方式的方法,叫做形体分析法。

2. 投影图的确定

(1)确定形体的放置位置和正面投影方向。

(2)确定投影图数量。

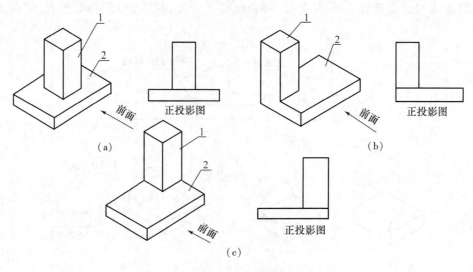

图 3 – 52　基本形体的几种位置关系

(a)1 号形体在 2 号形体的上方中部；

(b)1 号形体在 2 号形体的左后上方；

(c)1 号形体在 2 号形体的右后上方

3. 画组合体三面投影图的步骤

(1)进行形体分析。

(2)进行投影分析,确定投影方案。

(3)根据物体的大小和复杂程度,确定图样的比例和图纸的幅面,并用中心线、对称线或基线,定出各投影在图纸上的位置。

(4)逐个画出各组成部分的投影。

(5)检查所画的投影图是否正确。

(6)按规定线型加深。

【例 3 – 21】　画出图3 – 53(a)所示挡土墙的三面投影图。

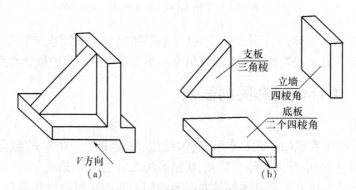

图 3 – 53　挡土墙的立体图

(a)已知条件;(b)形体分解

作图方法:

(1)逐个画出三部分的三面投影,见图 3 – 54(a),(b),(c)。

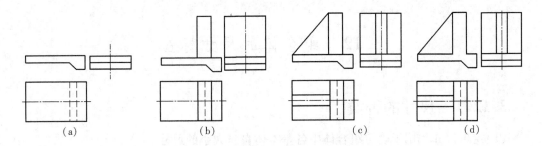

图 3 – 54　挡土墙的三面投影图的画法

(a)画底板投影;(b)画立墙投影;(c)画支板投影;(d)加深图线

(2)检查投影图是否正确。

(3)加深。因该投影图均为可见轮廓线,应全部用粗实线加深。

【**例 3 – 22**】　画出图 3 – 55(a)所示组合体的三面投影图。

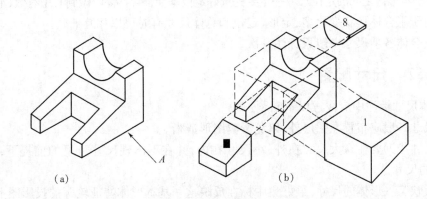

图 3 – 55　组合体的立体图

(a)已知条件;(b)形体分解

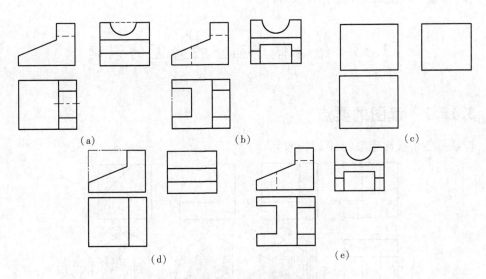

图 3 – 56　组合体的投影图

(a)画长方体的投影;(b)画切割掉的形体 Ⅰ 的投影;(c)画切割掉的半圆柱体 Ⅱ 的投影;

(d)画切割掉的形体 Ⅲ 的投影;(e)检查无误加深图线

3.12　组合体的尺寸标注

3.12.1　尺寸的种类

（1）定形尺寸　用于确定组合体中各基本体自身大小的尺寸。

（2）定位尺寸　用于确定组合体中各基本形体之间相互位置的尺寸。

（3）总体尺寸　确定组合体总长、总宽、总高的外包尺寸。

在组合体尺寸的标注中应做到：

（1）组合体尺寸标注前需进行形体分析，弄清反映在投影图上有哪些基本形体，然后注意这些基本形体的尺寸标注要求，做到简洁、合理。

（2）各基本形体之间的定位尺寸一定要先选好定位基准，再行标注，做到心中有数、不遗漏。

（3）由于组合体形状变化多，定形、定位和总体尺寸有时可以相互兼代。

（4）组合体各项尺寸一般只标注一次。

3.12.2　尺寸配置

组合体尺寸标注中应注意以下问题：

（1）尺寸一般应布置在图形外，以免影响图形清晰。

（2）尺寸排列要注意大尺寸在外、小尺寸在内，并在不出现尺寸重复的前提下，使尺寸构成封闭的尺寸链。

（3）反映某一形体的尺寸，最好集中标在反映这一基本形体特征轮廓的投影图上。

（4）两投影图相关的尺寸，应尽量注在两图之间，以便对照识读。

（5）尽量不在虚线图形上标注尺寸。

3.13　组合体多面正投影图的识读

3.13.1　读图的要点

1. 联系各个投影想象（见图3–57）

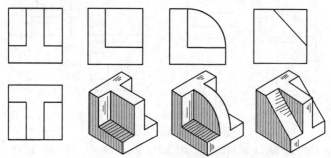

图3–57　将已知投影图联系起来看

2. 注意找出特征投影(见图 3−58)

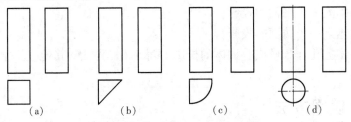

图 3−58　H 面投影均为特征投影

(a)长方体;(b)三棱柱体;(c)1/4 圆柱体;(d)圆柱体

3. 明确投影图中直线和线框的意义

(1)投影图中直线的意义

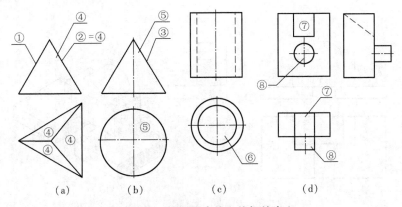

图 3−59　投影图中线和线框的意义

(a)三棱锥体;(b)圆锥体;(c)圆筒体;(d)带有槽口的长方体

由上述可知,投影图中的一条直线,一般有三种意义:

①可表示形体上一条棱线的投影;

②可表示形体上一个面的积聚投影;

③可表示曲面体上一条轮廓素线的投影。

(2)投影图中线框的意义

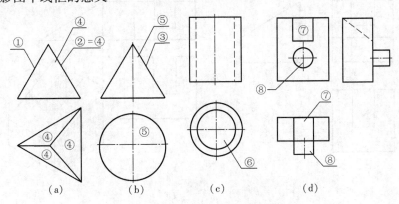

图 3−60　投影图中线和线框的意义

(a)三棱锥体;(b)圆锥体;(c)圆筒体;(d)带有槽口的长方体

由上述可知,投影图中的一个线框,一般也有三种意义:

①可表示形体上一个平面的投影;

②可表示形体上一个曲面的投影;

③可表示形体上孔、洞、槽或叠加体的投影。对于孔、洞、槽,其他投影上必对应有虚线的投影。

3.13.2 读图方法

读图的基本方法,可概括为形体分析法、线面分析法和画轴测图法等。

1.形体分析法

形体分析法就是在组合体投影图上分析其组合方式、组合体中各基本体的投影特性、表面连接以及相互位置关系,然后综合起来想象组合体空间形状的分析方法。如图 3−61 所示。

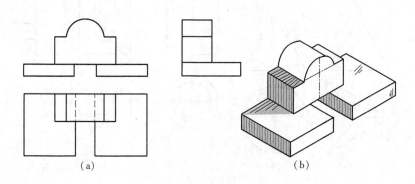

(a)　　　　　　　　　　(b)

图 3−61　形体分析法

(a)三面投影图;(b)轴测图

2.线面分析法

线面分析法是由直线、平面的投影特性,分析投影图中某条线或某个线框的空间意义,从而想象其空间形状,最后联想出组合体整体形状的分析方法。如图 3−62 所示。

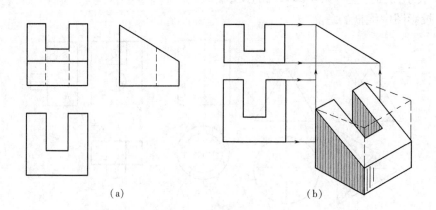

(a)　　　　　　　　　　(b)

图 3−62　线面分析法

(a)三面投影图;(b)线面分析想整体

3. 画轴测图法

画轴测图法是利用画出正投影图的轴测图,来想象和确定组合体的空间形状的方法。实践证明,此法是初学者容易掌握的辅助识图方法,同时它也是一种常用的图示形式。

3.13.3 识读练习——补画投影

读图步骤:

(1)认识投影抓特征。

(2)形体分析对投影。

(3)综合起来想整体。

(4)线面分析攻难点。

【例 3 – 23】 补绘图 3 – 63(a)中 H 投影所缺少的图线。

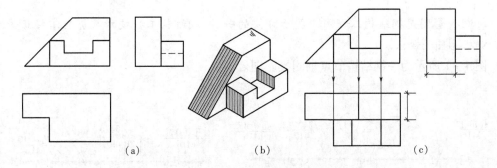

（a）   （b）   （c）

图 3 – 63 补绘 H 面投影所缺的图线

（a）已知条件;（b）轴测图;（c）补绘投影图

【例 3 – 24】 如图 3 – 64(a)所示,已知形体的正面投影和侧面投影,求水平投影。

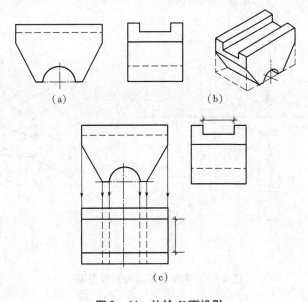

（a）   （b）

（c）

图 3 – 64 补绘 H 面投影

（a）已知条件;（b）轴测图;（c）补绘投影图

第4章　钢结构梁、板、柱轴测投影图

教学目的

1. 了解轴测投影的基本知识。
2. 掌握正等测投影图的画法。
3. 斜轴测投影图的画法。

任务分析

轴测投影图是钢结构工程图中图示方法的一种,钢结构工程技术人员应掌握正等测、斜轴测投影图的画法。

图 4-1 所示为一钢结构节点轴测投影图。

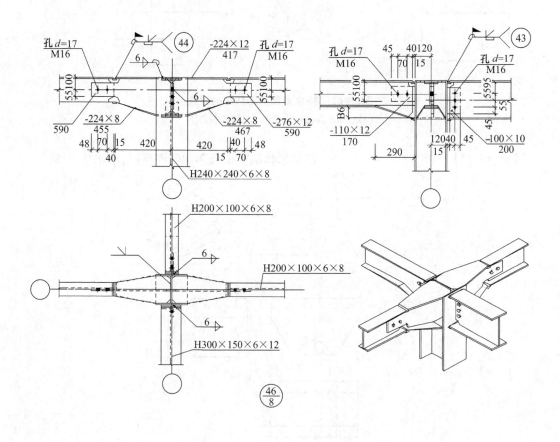

图 4-1　钢结构节点轴测投影图

4.1 轴测投影的基本知识

4.1.1 轴测投影图的形成

如图4-2所示,在作形体投影图时,如果选取适当的投影方向将物体连同确定物体长、宽、高三个尺度的直角坐标轴,用平行投影的方法一起投影到一个投影面(轴测投影面)上所得到的投影,称为轴测投影,应用轴测投影的方法绘制的投影图叫做轴测图。

4.1.2 轴间角和轴向伸缩系数

如图4-2所示,当物体连同坐标轴一起投射到轴测投影面(P或Q)上时,坐标轴OX,OY,OZ的投影O_1X_1,O_1Y_1,O_1Z_1称为轴测投影轴。

轴测轴之间的夹角$\angle X_1O_1Y_1$,$\angle Y_1O_1Z_1$,$\angle X_1O_1Z_1$称为轴间角。

轴测轴上某线段长度与它的实长之比,称为轴向伸缩系数。

$\dfrac{O_1G_1}{OC}=p$,称X轴向伸缩系数;

$\dfrac{O_1D_1}{OD}=q$,称Y轴向伸缩系数;

$\dfrac{O_1E_1}{OE}=r$,称Z轴向伸缩系数。

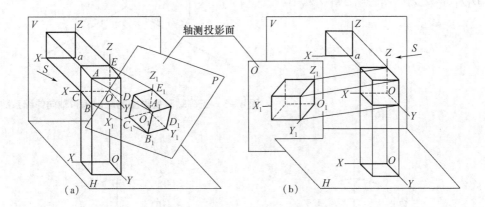

图4-2 轴测投影图的形成

4.1.3 轴测投影的分类

1. 根据投射线和轴测投影面相对位置的不同,轴测投影可分为两种:

(1)正轴测投影投射线S垂直于轴测投影面P(如图4-2(a)所示);

(2)斜轴测投影投射线S倾斜于轴测投影面Q(如图4-2(b)所示)。

2. 根据轴向变形系数的不同,轴测投影又可分为三种:

(1)正(或斜)等轴测投影,$p = q = r$;

(2)正(或斜)二等轴测投影,$p = q \neq r$,或 $p = r \neq q$,或 $p \neq q = r$;

(3)正(或斜)三测投影,$p \neq q \neq r$。

4.1.4　轴测投影的性质

轴测投影是在单一投影面上获得的平行投影,所以它具有平行投影的特性。

(1)空间平行的线段,其轴测投影仍相互平行。因此,形体上平行于某坐标轴的线段,其轴测投影也平行于相应的轴测轴。

(2)空间平行二线段长度之比等于相应的轴测投影长度之比,因此,平行于坐标轴的线段的轴测投影与线段实长之比等于相应的轴向伸缩系数。

4.2　正 等 轴 测 图

4.2.1　轴间角和轴向伸缩系数

正等轴测图(简称正等测),即它们的轴向伸缩系数 $p = q = r$。而当 $p = q = r$ 时,三坐标轴与轴测投影面夹角相等。

如图 4 – 3 所示,$p = q = r = 0.82$,$\angle X_1 O_1 Y_1 = \angle Y_1 O_1 Z_1 = \angle X_1 O_1 Z_1 = 120°$。

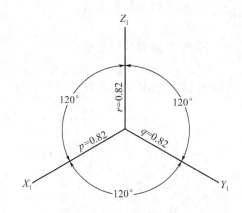

图 4 – 3　正等轴测投影图的轴间角和轴向伸缩系数

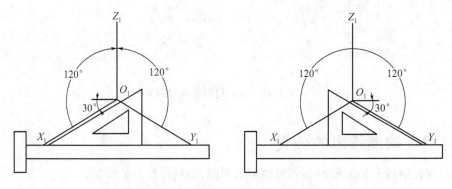

图 4 – 4　正等轴测投影的轴测轴的画法

4.2.2　平面立体正等轴测图的画法

1. 坐标法

坐标法是根据物体表面上各点的坐标,画出各点的轴测图,然后依次连接各点,即得该物体的轴测图。

【**例 4 – 1**】用坐标法作长方体的正等测图,见图 4 – 5。

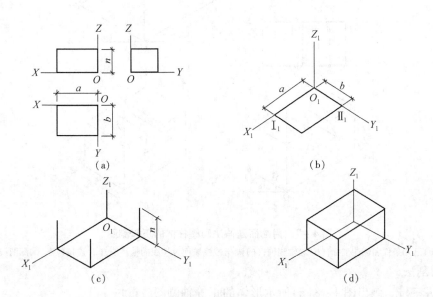

图 4 – 5　用坐标法画长方体正等测图

(a)已知条件和标注坐标;(b)画出长方体底面的轴测图;(c)立长方体的高度;(d)连接各点,加深图线

【**例 4 – 2**】　作四棱台的正等测图,见图 4 – 6。

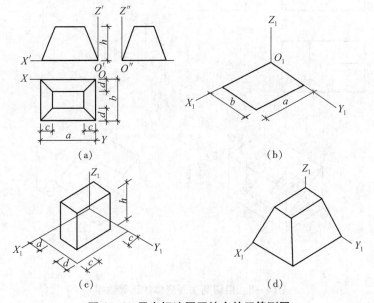

图 4 – 6　用坐标法画四棱台的正等测图

(a)已知条件和标注坐标;(b)画出四棱台底面的轴测图;(c)画出四棱台顶面的轴测图;(d)连接各点,加深图线

2. 端面延伸法

【例4-3】 画出图4-7(a)所示的棱柱体正等轴测图。

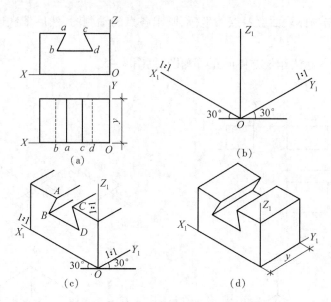

图4-7 用端面延伸法画棱柱体的正等测图

(a)已知条件和标注坐标;(b)画轴测轴;(c)画出棱柱端面及棱线的轴测图;(d)连接各点,加深图线

3. 切割法

【例4-4】 画出图4-8(a)所示形体的正等轴测图。

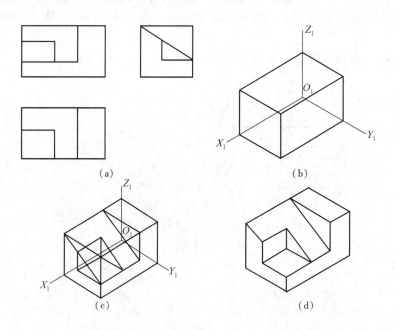

图4-8 用切割法画形体的正等测图

(a)已知条件;(b)画轴测轴和长方体的轴测图;(c)画出切割形体的轴测图;(d)连接各点,加深图线

4. 叠加法

【例 4 - 5】　画出图 4 - 9(a)所示形体的正等轴测图。

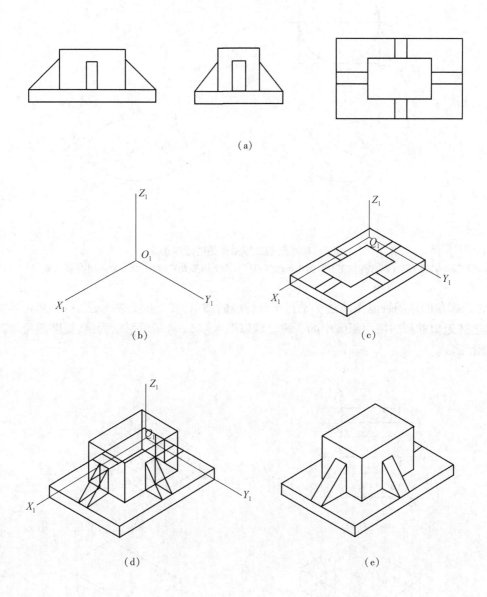

图 4 - 9　用叠加法画形体的正等测图

(a)已知条件;(b)画正等轴测轴;(c)画底板;(d)叠加画长方体和三棱柱体;(e)加深、加粗图线

4.2.3　曲面立体正等轴测图的画法

1. 圆和圆角的正等轴测投影图的画法

(1)圆的正等轴测投影图的画法　当曲面体上圆平行于坐标面时,作正等测图,通常采用近似的作图方法——"四心法",如图 4 - 10 所示。

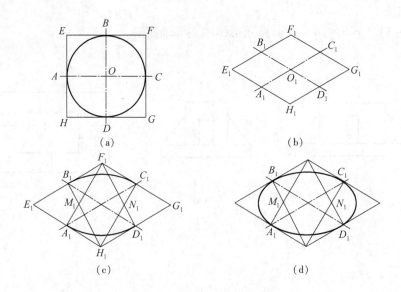

图4-10 圆的正等轴测图的近似画法

(a)画圆外切正方形;(b)作外切正方形的正等轴测图;(c)作大圆弧 B_1C_1 和 A_1D_1;(d)作小圆弧 A_1B_1 和 C_1D_1

（2）圆角的正等轴测图画法　平行于坐标面的圆角,实质上是四分之一圆,其正等轴测图是上述近似椭圆的四段圆弧中的一段。现以图4-11(a)所示平板为例,说明圆角轴测图的简化画法。

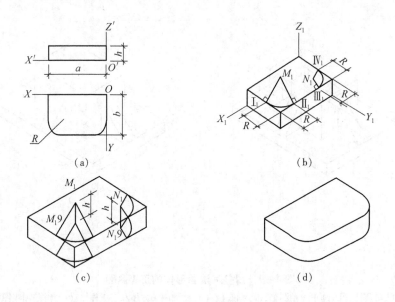

图4-11 平板圆角的正等轴测图的近似画法

(a)已知条件,并定原点和坐标轴;(b)作上表面的两圆角轴测投影;

(c)作下表面的两圆角轴测图;(d)作圆角切线,加深、加粗得形体轴测图

2.曲面立体正等轴测图的画法

【例4-6】 作出图4-12(a)所示圆柱的正等测图。

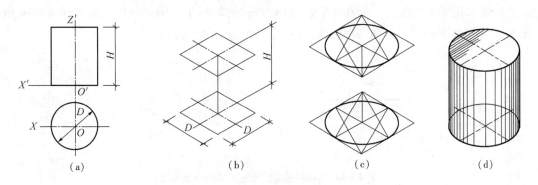

图 4 – 12　圆柱的正等轴测图画法

(a)已知条件,并定原点和坐标轴的位置;(b)作上下底圆外切正方形的轴测图;

(c)用四心法画上下底圆的轴测图;(d)作两椭圆的公切线,擦去多余线,加深图线

【例 4 – 7】　如 4 – 13(a)所示的形体的三面投影图,作出它的正等轴测图。

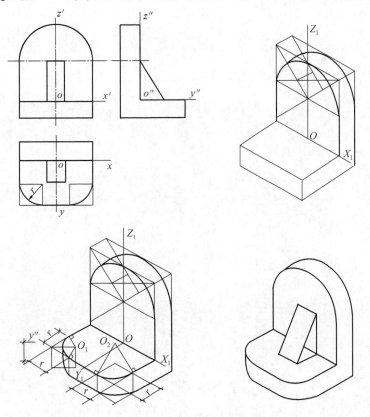

图 4 – 13　作正等轴测图

4.3　斜　轴　测　图

当投射方向 S 倾斜于轴测投影面 Q,并使两个坐标轴平行于轴测投影面时,所作出的投影称为斜轴测投影。

　　最常采用的是正面斜二侧和水平斜等侧，它们的轴间角和轴向伸缩系数如图 4 – 14 所示。因这些轴测轴的方向都是特殊角，可用丁字尺、三角板直接作出。

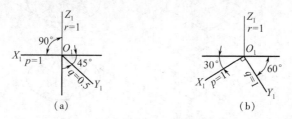

图 4 – 14　斜轴测图轴间角和轴向伸缩系数

　　斜轴测图的画法与正轴测图相同，它的最大优点是平行于轴测投影面的坐标面或其平行面上的图形不变形，因此适于画某一个方面形状复杂或为圆形的形体。

　　由于该部分内容较简单，同学们可自学完成，在此不作讲解。

第5章　表达钢结构形体的常用方法

教学目的

1. 熟悉钢结构建筑施工图内容。
2. 掌握表达钢结构形体的常用方法。

任务分析

建筑施工图,它主要表示钢结构房屋的外部造型、内部布置、细部构造、内外装饰和施工要求等。在本项目,我们逐一介绍建筑施工图的图示内容,进一步为钢结构施工图的识读作准备。

5.1　钢结构建筑施工图

表达钢结构形体的常用方法主要是建筑施工图,它主要表示钢结构房屋的外部造型、内部布置、细部构造、内外装饰和施工要求,一般包括建筑平面图、建筑立面图、建筑剖面图等。

5.2　表达钢结构形体的常用方法

5.2.1　建筑平面图

建筑平面图是建筑施工图的基本图样,它是假想用一水平的剖切面沿门窗洞位置将房屋剖切后,对剖切面以下部分所作的水平投影图。它反映出房屋的平面形状、大小和布置;墙、柱的位置、尺寸和材料;门窗的类型和位置等。

对于多层钢结构房屋,一般每层有一个单独的平面图。但一般建筑常常是中间几层平面布置完全相同,这时就可以省掉几个平面图,只用一个平面图表示,这种平面图称为标准层平面图。

钢结构房屋建筑施工图中的平面图一般有:底层平面图(表示第一层房间的布置、入口、门厅及楼梯等)、标准层平面图(表示中间各层的布置)、顶层平面图(房屋最高层的平面布置图)以及屋顶平面图(屋顶平面的水平投影)。

建筑平面图的主要内容有:

(1)建筑物及其组成房间的名称、尺寸、定位轴线和墙厚等。

(2)走廊、楼梯位置及尺寸。

(3)门窗位置、尺寸及编号。门的代号是 M,窗的代号是 C。在代号后面写上编号,同一编号表示同一类型的门窗,如 M-1,C-1。

（4）台阶、阳台、雨篷、散水位置及细部尺寸。

（5）室内地面高度。

（6）首层平面图上应画出剖面图的剖切位置线，以便和剖面图对照查阅。

图 5-1 所示为某单层门式钢架厂房的一层平面图，实体元素主要有墙体、门窗、房间等，基本上都是反映建筑物组成部分的投影关系；符号元素有定位轴线、尺寸标注、标高符号、索引符号、指北针等，主要是为了说明建筑物承重构件的定位、各部分的关系、标高、建筑的朝向或是图样之间的联系。

以此图为例，其建筑平面图的图示内容有：

（1）建筑物的外包尺寸（墙外皮到墙外皮）。长度为 49 480 mm，宽度为 29 480 mm。

（2）柱和墙的定位关系。边墙柱的外翼缘紧贴边墙的内皮，抗风柱的外翼缘紧贴山墙的内皮。①轴和⑧轴的边柱紧靠山墙内皮。边墙柱距为 7 500 mm，山墙柱距为 6 250 mm。

（3）门窗的定位和尺寸：C2 为窗，宽度为 4 200 mm，高度通常会在立面图中标注。窗都是居中布置，边墙处的窗两边距柱中心线均为 1 400 mm；山墙处的窗距柱中心线均为 1 025 mm。M1 为门，宽度为 4 200 mm，高度也是在立面图中标注。门居中布置，两边距柱中心线为 1 025 mm。门的位置有坡道，尺寸为 6 490 mm×1 500 mm，具体做法见图集 L03J004。

（4）1¬ 为剖切号，从此处剖开向左看，1—1 剖面见后面的剖面图。室内标高 ±0.000。

图 5-2 为屋顶平面图，其图示内容有：

（1）图屋顶为双坡屋面，屋面坡度为 1/10。

（2）沿纵墙方向设有天沟，天沟排水坡度为 1%。

（3）在厂房的纵向天沟内各设置了 4 根直径为 100 mm 的 PVC 落水管。

（4）A—B 轴之间有宽为 900 mm 的雨篷。

（5）屋顶标高为 5.2 m。

5.2.2　建筑立面图

建筑立面图是平行于建筑物各方向外墙面的正投影图，简称（某向）立面图。建筑立面图用来表示建筑物的体型和外貌，并表明外墙面装饰要求等的图样。

房屋有多个立面，通常把房屋的主要出入口或反映房屋外貌主要特征的立面图称为正立面图，从而确定背立面图和左右侧立面图。无定位轴线的建筑物可按各面的朝向来定立面图的名称，如南立面图、北立面图、东立面图和西立面图。有定位轴线的建筑物，宜根据两端的轴线编号来定立面图的名称，如图 5-3 中①~⑧立面图。当某些房屋的平面形状比较复杂，还需加画其他方向或其他部位的立面图。如果房屋前后或左右立面完全相同，可以只画一个，另一个注明即可。

按投影原理，立面图上应将所有看得见的细部都表示出来。但由于立面图的比例较小，如门窗扇、檐口构造、阳台栏杆和墙面复杂的装修等细部，往往只用图例表示。它们的构造和做法，都另有详图或文字说明。因此，习惯上往往对这些细部只分别画出一两个作为代表，其他都可以简化，只需画出它们的轮廓线。

建筑立面图的主要内容有：

（1）建筑物的外观特征及凸凹变化。

（2）建筑各主要部分的标高及高度关系。如室内外地面、窗台、门窗顶、阳台、雨篷檐口等处完成面的标高，及门窗等洞口的高度尺寸。

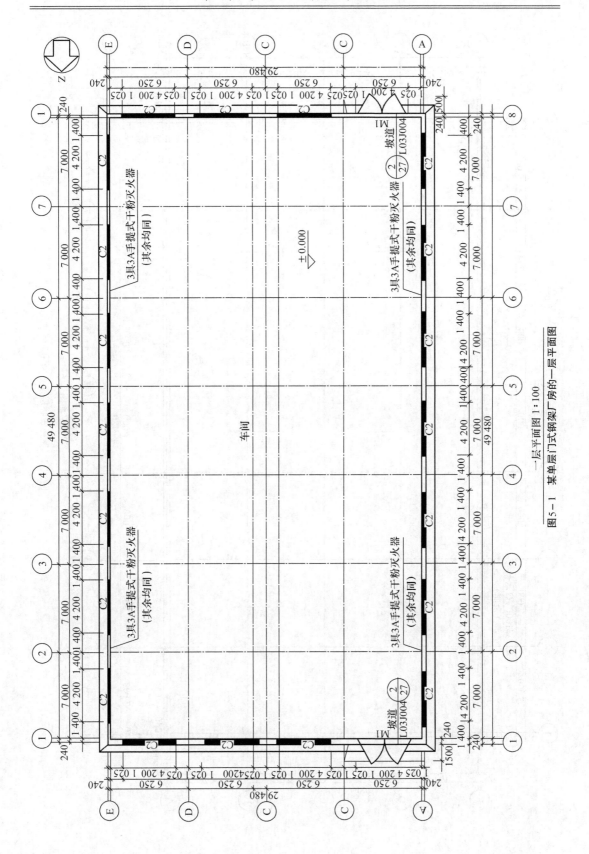

图 5－1　某单层门式钢架厂房的一层平面图

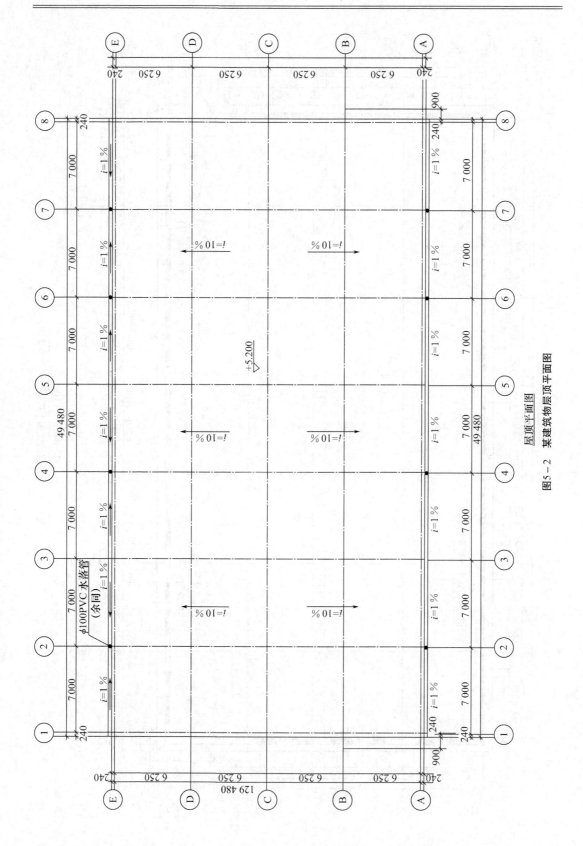

屋顶平面图

图5-2　某建筑物层顶平面图

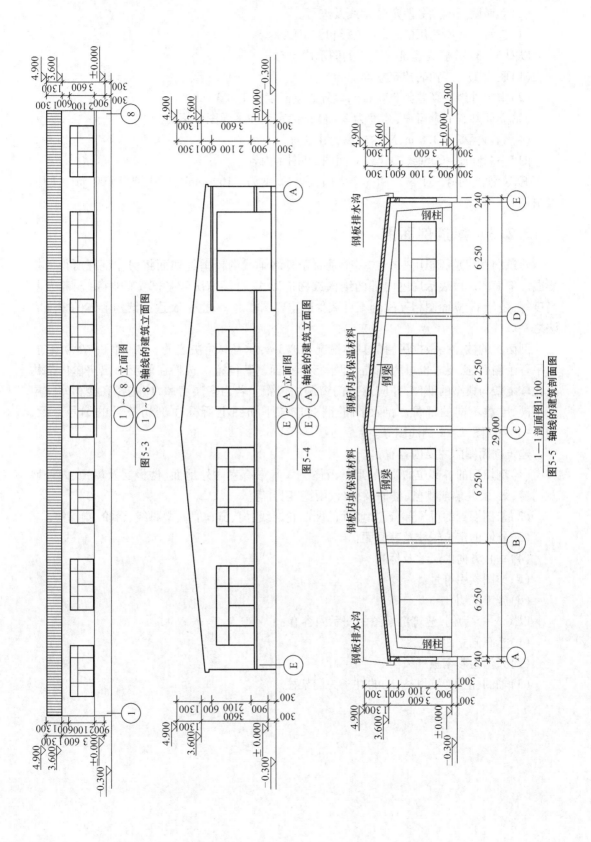

图 5-3　1~8 轴线的建筑立面图

图 5-4　E~A 轴线的建筑立面图

1—1 剖面图1:100
图 5-5　轴线的建筑剖面图

（3）立面图两端或分段定位轴线及编号。

（4）建筑立面所选用的材料、色彩和施工要求等。

以图 5 - 3 为例，其建筑立面图的图示内容有：

（1）图为①～⑧轴的建筑立面。

（2）室内外地坪高差为 300 mm，室外砖墙高度为 1 200 mm。

（3）立面共有七个窗户，高度为 2 100 mm，宽度在平面图中标注。

（4）檐口标高为 3.6 m，屋脊标高为 4.9 m。

图 5 - 4 为Ⓔ～Ⓐ轴线的建筑立面图，其图示内容：

Ⓔ,Ⓐ轴之间有三个窗户和一个大门，窗户高度为 2 100 mm，门高度为 3 600 mm。门上有雨篷。

5.2.3　建筑剖面图

建筑剖面图是假想用一个或多个垂直于外墙轴线的铅垂剖切面将房屋剖开所得的投影图。剖面图用以表示房屋内部的结构或构造形式、分层情况和各部位的联系、材料及其高度等，是与平、立面图相互配合不可缺少的重要图样之一，也是表达钢结构形体的重要方法之一。

剖面图的数量是根据房屋的具体情况和施工实际需要而决定的。剖切面一般为横向，即平行于侧面，必要时也可为纵向，即平行于正面。其位置应选择在能反映出房屋内部构造比较复杂与典型的部位，并应通过门窗洞的位置。若为多层房屋，应选择在楼梯间或层高不同、层数不同的部位。剖面图的图名应与平面图上所标注剖切符号的编号一致，如 1 - 1 剖面图，2 - 2 剖面图等。

建筑剖面图的主要内容有：

（1）剖切到的各部位的位置、形状及图例。其中有室内外地面、楼板层及屋顶、内外墙及门窗、梁、女儿墙或挑檐、楼梯及平台、雨篷、阳台等。

（2）未剖切到的可见部分，如墙面的凹凸轮廓线、门、窗、勒脚、踢脚线、台阶、雨篷等。

（3）外墙的定位轴线及其间距。

（4）垂直方向的尺寸及标高。

（5）详图索引符号。

（6）施工说明。

以图 5 - 5 为例，建筑剖面图的图示内容有：

（1）标高同立面图。

（2）天沟为彩钢板外天沟。

（3）轴的柱子为抗风柱，轴的柱子为门架柱。

第6章　钢结构设计图

教学目的

1. 熟悉钢结构设计图的内容。
2. 掌握钢结构设计图的识读方法和步骤。
3. 掌握钢结构节点详图的识读。

任务分析

钢结构设计图是施工时的主要依据,制造和施工人员按图制造、施工,不得任意变更图纸或无规则施工,因此作为技术人员,必须看懂图纸,记住图纸的内容和要求。为了进一步搞清楚什么是钢结构设计图,我们将具体介绍图纸的形成,图纸上的尺寸、比例、标高等意义,以及看懂、掌握钢结构设计图的技巧。

6.1　钢结构建筑物设计图纸的主要组成

一般情况下,一套完整的钢结构建筑物的施工图纸主要包括设计说明、建筑施工图、结构施工图和设备施工图。

6.1.1　设计说明

设计说明通常放在整套图纸的首页,主要对工程概况、设计依据、主要节点的构造做法和结构做法等内容进行文字方面的说明。对于较复杂的工程,设计说明往往按专业分开编写,分别放在每个专业图纸的首页,如建筑设计说明,结构设计说明和水、电、暖设计说明等。

6.1.2　建筑施工图

建筑施工图,简称"建施",主要包括建筑总平面图、建筑平面图、建筑立面图、建筑剖面图和建筑详图等。建筑总平面图是反映一定范围内原有、新建、拟建、即将拆除的建筑及其所处的周围环境、地形地貌、道路绿化等情况的水平投影图。总平面图的常用比例为1∶500,1∶1 000,1∶2 000。总平面图中标高和尺寸均以 m 为单位,标高符号为细实线画出的等腰直角三角形,高为 3 mm,室外地坪标高采用全部涂黑的三角形。

建筑平面图是由一个沿窗台高度的假想水平剖切面剖切建筑物得到的水平剖面图。它主要反映建筑物各层的平面布置情况,如每层房间的数量、每个房间的大小、房间与房间之间的相对位置关系、门窗的位置及开启方向、楼梯间的位置、平面的交通组织等。建筑平面图的常用比例为1∶100。

建筑立面图是从建筑物外侧对建筑物的某个外立面进行正投影而得到的投影图。建筑立面图主要包括正立面图、背立面图和侧立面图。它们主要表达建筑物的外观造型、外墙面的装修做法、窗在外立面的布置方案等内容。建筑立面图的常用比例也为1:100。

　　建筑剖面图是假想用平行于某一墙面(一般平行于横墙)的平面剖切房屋所得到的垂直剖面图。剖面图可以是单一剖面图或阶梯剖面图。剖切符号标注在首层平面图中。剖切位置通常选在内部构造比较复杂和有代表性的部位,如应通过门、窗洞、楼梯间剖切。剖面图主要用来表达房屋内部构造、分层情况、各层之间的联系及高度等。建筑剖面图的常用比例为1:50和1:100。

　　房屋的平、立、剖面图一般以1:100的比例绘制,许多细部构造,如外墙面、楼梯等部位的结构、形状、材料等无法显示清楚,为此常将这些部位以较大的比例绘制一些局部性的详(细)图,也称大样图,以指导施工。与建筑设计有关的详图称为建筑详图;与结构设计有关的详图称为结构详图。详图中有时还会再有详图,如楼梯、厨卫间等处,采用1:20或1:50的比例;踏面上的防滑条、楼梯扶手里的铁件等,还需更大的比例,如1:5,1:1。

6.1.3　结构施工图

　　结构施工图是为了满足房屋建筑的安全与经济施工的要求,对组成房屋的承重构件,依据力学原理和有关的设计规程、规范进行计算,从而确定它们的形状、尺寸以及内部构造等,并将计算、选择结果绘成图样,这样的图称为结构施工图,简称"结施"。

　　按照《钢结构设计制图深度和表示方法》(03G102)的要求,根据我国各设计单位和加工制作单位对钢结构设计图编制方法的通用习惯,并考虑其合理性,把钢结构设计制图分为设计图和施工详图两个阶段。钢结构设计图应由具有相应设计资质级别的设计单位完成;而钢结构施工详图由具有相应设计资质级别的钢结构加工制造企业或委托设计单位完成。

　　钢结构设计图是提供编制钢结构施工详图的重要依据,所以在内容和深度方面应满足编制钢结构施工详图的要求,必须对设计依据、荷载资料、建筑抗震设防类别和设防标准、工程概况、材料选用和质量要求、结构布置、支撑设置、构件选型、构件截面和内力,以及结构的主要节点构造和控制尺寸等均应表示清楚。其内容主要包括:柱脚锚栓布置图,纵、横、立面图,构件布置图,节点详图,构件图,钢材及高强度螺栓估算表等。

　　钢结构施工详图的设计内容包括两部分,即:第一部分根据设计单位提供的设计图对构件的钢结构构造进行完善;第二部分进行钢结构施工详图的图纸绘制。钢结构施工详图的图纸主要包括:施工详图总说明,锚栓布置图,构件布置图,安装节点图,构件详图等。

　　在钢结构中,由于各种结构体系所用的构件类型差异较大,结构布置方案也各不相同,因此难以在此处总结,在本书后续内容中将针对目前常用的钢结构体系就其设计图和施工详图作重点说明。

　　另外,一个建筑物的结构施工图还应该有基础平面布置图及其详图。对于钢结构建筑物基础都为钢筋混凝土基础,因此其基础平面布置图及基础详图与钢筋混凝土工程的基础布置图及详图十分相似,其差别主要在于柱脚与基础的连接上。

6.1.4　设备施工图

　　设备施工图包括排水、采暖通风、电气等专业的平面布置图、系统图和详图,分别简称"水施""暖施""电施",此处不再详述。

6.2　钢结构建筑物设计图的识图步骤与方法

6.2.1　识读钢结构施工图的目的

1. 进行工程量的统计与计算

尽管现在进行工程量统计的软件有很多,但这些软件对施工图的精准性要求很高,而我们的施工图可能会出现一些变更,此时需要我们照图人工计算;另外,这些软件在许多施工单位还没有普及,因此在很长一段时间内,照图人工计算工程量仍然是施工人员应具备的一项能力。

2. 进行结构构件的材料选择和加工

钢结构与其他常见结构(如砖混结构、钢筋混凝土结构)相比,需要现场加工的构件很少,大多数构件都是在加工厂预先加工好,再运到现场直接安装的。因此,需要根据施工图纸明确构件选择的材料以及构件的构造组成。在加工厂,往往还要把施工图进一步分解,形成分解图纸,再据此进行加工。

3. 进行构件的安装与施工

要进行构件的安装和结构的拼装,必须要能够识读图纸上的信息,才能够真正地做到照图施工。

6.2.2　识图的步骤与方法

虽然钢结构体系的种类较多,施工图所包括的内容也不尽相同,但是识图过程中的一些方法和步骤却有很多相同的地方接下来,我们将针对一些具有共性的步骤和方法进行总结。

对于一套图纸来讲,首先应该阅读它的建筑施工图,了解建筑设计师的意图,清楚整个建筑物的功能作用以及空间的划分和不同空间的关系,另外还须掌握建筑物的一些主要关键尺寸;其次应该仔细研究其结构施工图,掌握其结构体系组成,明确其主要构件的类型和特征,清楚各构件之间的连接做法,以及主要的结构尺寸;最后阅读设备施工图,明确设备安装的位置和方法,注意结构施工时为后续设备安装要做的准备工作,在整套图的识读过程中,往往还需要将两个专业或多个专业的同一部位的施工图放在一起对照识读。

对于结构施工图来说,在识读时应该按照如下步骤进行:首先应该仔细阅读结构设计说明,弄清结构的基本概况,明确各种结构构件的选材,尤其要注意一些特殊钢构造做法,这里表达的信息往往都是后面图纸中一些共性的内容。

接下来便是基础平面布置图和基础详图。在识读基础平面布置图时,首先应明确该建筑物的基础类型,再从图中找出该基础的主要构件,接下来对主要构件的类型进行归类汇总,最后按照汇总后的构件类型找到其详图,明确构件的尺寸和构造做法。

在了解了建筑物基础的具体做法以后,需要识读结构平面布置图。结构平面布置图一般情况下都是按层划分的,若各层的平面布置相同,可采用同一张图纸表达,只需在图名中进行说明。读结构平面布置图时,首先应该明确该图中结构体系的种类及其布置方案,接着应该从图中找出各主要承重构件的布置位置、构件之间的连接方法、构件的截面选取,然后对每一种类的构件按截面不同进行种类细分,并统计出每类构件的数量。读完一张平面图后,再阅读其他各层结构平面布置图时,为了节省时间,只需找出该层图纸与前张图纸中不同的部位,进行详细阅读和统计。

读完结构平面布置图后,应对建筑物整体结构有一个宏观的认识,接下来再仔细对照构件的编号,来识读各构件的详图,通过构件详图明确各种构件的具体制作方法以及构件与构件的连接节点的详细制作方法,对于复杂的构件往往还需要有一些板件的制作详图。

6.3　识读钢结构施工图的注意事项

识读钢结构施工图除了要掌握上述的一些方法和步骤以外,还应该注意以下事项,这往往是初学者容易忽视的一些问题,总结如下。

6.3.1　注意每张图纸上的说明

在施工图中除了有一个设计总说明以外,在其他图纸上也会出现一些简单的说明。在读该图时应首先阅读该说明,这里面往往涉及到图中一些共性的问题,在此采用文字说明后,图中往往不再体现。初学者拿到图后总习惯先看图样,结果发现图中缺少一些信息,实际上说明中早有体现。

6.3.2　注意图纸之间的联系和对照

初学者在读图时,总习惯一张图读完后再读另一张,孤立地读某一张,而不注意与其他图纸进行联系与比较。前面讲到过,一套施工图是根据不同的投影方向对同一个建筑物进行投影得到的,当读图者只从一个投影方向识图而无法理解图式含义时,应考虑与其他投影方向的图进行对照,从而得到准确的答案。

在读构件详图时更要注意这个问题,往往结构体系的布置图和构件的详图不会出现在同一张图纸上,此时要使详图与构件位置统一。必须要注意图纸之间的联系,一般情况下可以根据索引符号和详图符号(图6-1)进行联系。

图6-1　索引符号和详图符号

(a)索引符号;(b)详图符号

6.3.3　注意构件种类的汇总

钢结构施工图的图样对一个初学者来讲十分繁杂,一时不知该从何下手,而且看完以后不容易记住,因此这就需要边看图,边记一下笔记,把图纸上复杂的东西进行归类,尤其是没有用钢量统计表的图纸,这一点显得尤为重要。如果图纸上有用钢量统计表,可以借助于钢量统计表来汇总构件的种类,或者对其再进行进一步的细分。用来进行汇总的表格可以根据读者需要自行设计,建议初学者最初读图时能够养成这样一个习惯,等熟练后则可不必将表格书面写出。表 6 – 1 为某框架单元中构件的种类汇总表,可供初学者在读图时使用对于其他结构体系,读者可根据构件类型自行设计。

表 6 – 1　KJ – 1 构件汇总表

构件名称	规格	长度	钢材类型	数量	附加振件	备注
K2 – 1	—	—	—	—	—	—
KZ – 2	—	—	—	—	—	—
KL – 1	—	—	—	—	—	—
⋮	⋮	⋮	⋮	⋮	⋮	⋮

注:附加板件主要指构件上的一些加劲肋、整板、塞板等,在此可标注出其规格和数量。

6.3.4　注意考虑其施工方法的可行性和难易程度

在建筑工程施工前,往往都有一个图纸会审的会议,需要设计方、施工方、甲方、监理方共同对图纸进行会审,共同来解决图纸上存在的问题。作为施工方此时不仅要找出图纸上存在的错误和存在歧义的地方,还要考虑到后续施工过程中的可行性和难易程度。毕竟能够满足建筑需求的结构方案有很多,但并不是每一种结构方案都比较容易施工,这就需要施工方提前把握。对于初学者要做到这一点还比较难,但的确是在识图过程中需要特别注意的问题,这需要不断的经验积累。

6.4　型钢螺栓的表示方法

6.4.1　常用型钢的标注方法

表 6 – 2　常用型钢的标注方法

序号	名称	截面	标注	说明
1	热轧等边角钢	b	$b \times t$	b 为肢宽 t 为肢厚
2	热轧不等边角钢	B	$B \times b \times t$	B 为长肢宽,b 为短肢宽,t 为肢厚
3	热轧工字钢		N　O　N	轻型工字钢加注 Q 字,N 工字钢的型号
4	热轧槽钢		N　　O　　N	轻型工字钢加注 Q 字,N 工字钢的型号
5	方钢	b	$\square b$	

表 6-2（续）

序号	名称	截面	标注	说明
6	扁钢		$-b \times t$	
7	钢板		$\dfrac{-b \times t}{l}$	宽×厚 板长
8	圆钢		ϕd	
9	钢管		$DNXX$ $d \times t$	内径 外径×壁厚
10	薄壁方钢管		$B \square b \times t$	
11	薄壁等肢卷边角钢		$B \llcorner b \times t$	
12	薄壁等肢卷边角钢		$B\, b \times o \times t$	
13	薄壁槽钢		$B\, h \times b \times t$	薄壁型钢加注 B 字 b 为肢宽 t 为壁厚
14	薄壁卷边槽钢		$B\, h \times b \times o \times t$	
15	薄壁直卷边 Z 型钢		$B\, h \times b \times o \times t$	
16	薄壁斜卷边 Z 型钢		$B\, h \times b \times o \times t$	
17	T 型钢		TW_{xx} TM_{xx} TN_{xx}	TW 为热轧宽翼缘 T 型钢 TM 为热轧中翼缘 T 型钢 TN 为热轧窄翼缘 T 型钢
18	H 型钢		HW_{xx} HM_{xx} HN_{xx}	HW 为热轧宽翼缘 H 型钢 HM 为热轧中翼缘 H 型钢 HN 为热轧窄翼缘 H 型钢
19	普通焊接工字钢		$h \times b \times t_w \times t$	
20	起重机钢轨		QU_{xx}	规格型号见产品说明
21	轻轨及钢轨		$\times \times kg/m$ 钢轨	

6.4.2　螺栓、孔、电焊铆钉的表示方法

表 6 – 3　螺栓、孔、电焊铆钉的表示方法

序号	名称	图例	说明
1	永久螺栓		
2	高强螺栓		
3	安装螺栓		1. 细"+"线表示定位线； 2. M 表示螺栓型号； 3. ϕ 表示螺栓孔直径； 4. d 表示膨胀螺栓、电焊铆钉直径； 5. 采用引出线标注螺栓时，横线上标注螺栓规格，横线下标注螺栓孔直径
4	胀锚螺栓		
5	圆形螺栓孔		
6	长圆形螺栓孔		
7	电焊铆钉		

6.5　焊缝符号表示的方法及有关规定

6.5.1　焊缝符号的表示

（1）焊缝的引出线由箭头和两条基准线组成，其中一条为实线，另一条为虚线。线型均为细线，如图6－2。

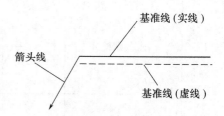

图6－2　焊缝的引出线

（2）基准线的虚线可以画在基准线实线的上侧，也可画在下侧，基准线一般应与图样的标题栏平行，仅在特殊条件下才与标题栏垂直。

（3）若焊缝处在接头的箭头侧，则基本符号标注在基准线的实线侧；若焊缝处在接头的非箭头侧，则基本符号标注在基准线的虚线侧，见图6－3。

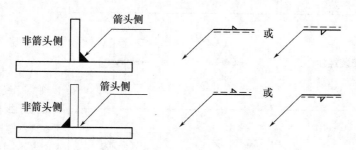

图6－3　焊缝符号的表示位置

（4）当为双面对称焊缝时，基准线可不加虚线。

（5）箭头线相对焊缝的位置一般无特殊要求，但在标注单边形焊缝时，箭头线要指向带有坡口一侧的工件。

（6）基本符号、补充符号与基准线相交或相切，与基准线重合。

（7）焊缝的基本符号、辅助符号和补充符号（尾部符号除外）一律为粗实线，尺寸数字原则上亦为粗实线，尾部符号为细实线，尾部符号主要是标注焊接工艺、方法等内容。

（8）在同一图形上，当焊缝形式、断面尺寸和辅助要求均相同时，可只选择一处标注焊缝的符号和尺寸，并加注"相同焊缝的符号"，相同焊缝符号为3/4圆弧，画在引出线的转折处，见图6－4（a）。

在同一图形上，有数种相同焊缝时，可将焊缝分类编号，标注在尾部符号内，分类编号采用$A,B,C\cdots$，在同一类焊缝中可选择一处标注代号，见图6－4（b）。

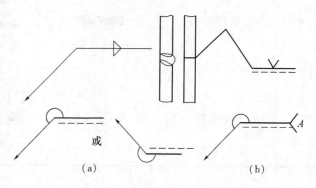

（a）　　　　　　　　或　　　　　　　　（b）

图6－4　相同焊缝的引出线及符号

(9)熔透角焊缝的符号应按图 6-5 方式标注。熔透角焊缝的符号为涂黑的圆圈,画在引出线的转折处。

(10)图形中较长的角焊缝(如焊接实腹钢梁的翼缘焊缝),可不用引出线标注,而直接在角焊缝旁标注焊缝尺寸值 K,见图 6-6。

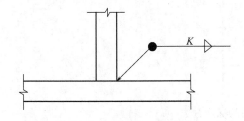

图 6-5　熔透角焊缝的标注方法

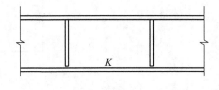

图 6-6　较长焊缝的标注方法

(11)在连接长度内仅局部区段有焊缝时,标注见图 6-7。K 为角焊缝焊脚尺寸。

(12)当焊缝分布不规则时,在标注焊缝符号的同时,在焊缝处加中实线表示可见焊缝,或加栅线表示不可见焊缝,标注方法见图 6-8。

(13)相互焊接的两个焊件,当为单面带双边不对称坡口焊缝时,引出线箭头指向较大坡口的焊件,见图 6-9。

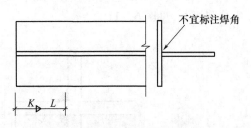

图 6-7　局部焊缝的标注方法

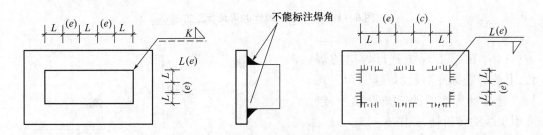

图 6-8　不规则焊缝的标注方法

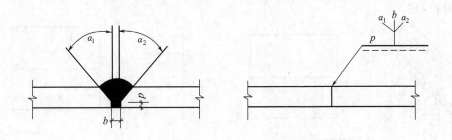

图 6-9　单面不对称坡口焊缝的标注方法

(14)环绕工作件周围的围焊缝符号用圆圈表示,画在引出线的转折处,并标注其焊角尺寸 K,见图 6 – 10。

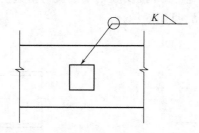

图 6 – 10　围焊缝符号的标注方法

(15)3 个或 3 个以上的焊件相互焊接时,其焊缝不能作为双面焊缝标注,焊缝符号和尺寸应分别标注,见图 6 – 11。

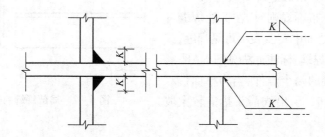

图 6 – 11　3 个以上焊件的焊缝标注方法

(16)在施工现场进行焊接的焊件,其焊缝需标注"现场焊缝"符号,现场焊缝符号为涂黑的三角形旗号,绘在引出线的转折处,见图 6 – 12。

(17)相互焊接的两个焊件中,当只有一个焊件带坡口时(如单面 V 型),引出线箭头指向带坡口的焊件,见图 6 – 13。

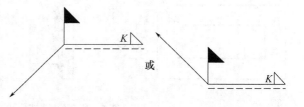

图 6 – 12　现场焊缝的表示方法

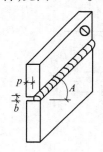
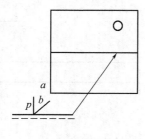
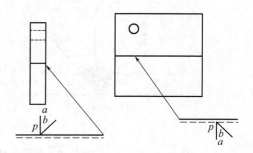

图 6 – 13　一个焊件带坡口的焊缝标注方法

6.5.2　常用焊缝的标注方法

常用焊缝的标注方法见表 6 – 3。

表 6 – 3　常用焊缝的标注方法

焊缝名称	形式	标准标注方法	习惯标作方法(或说明)
I 型焊缝	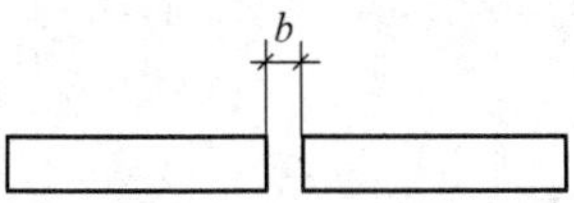	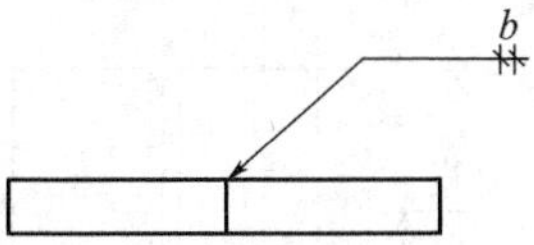	b 为焊件间隙(施工图中可不标注)
单边 V 型焊缝	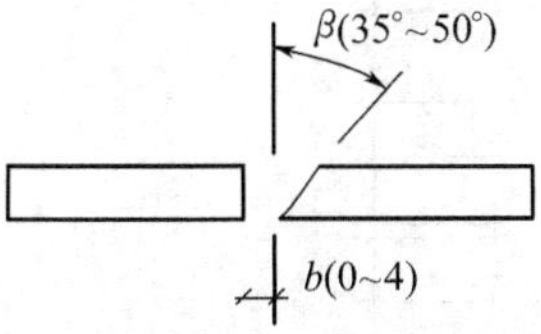	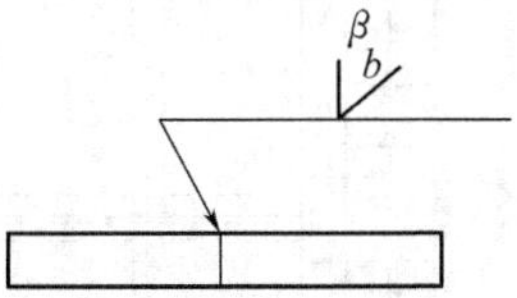	β 施工图中可不标注
带钝边单边 V 型焊缝	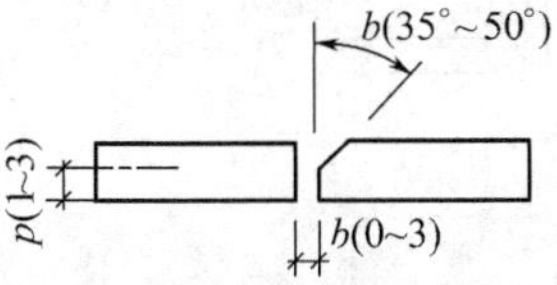	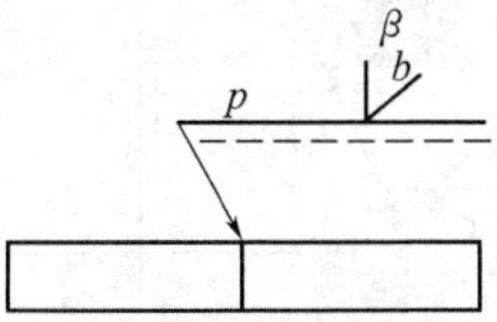	P 的高度称钝边,施工图中可不标注
带垫板 V 型焊缝	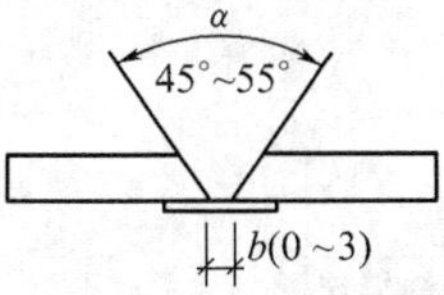	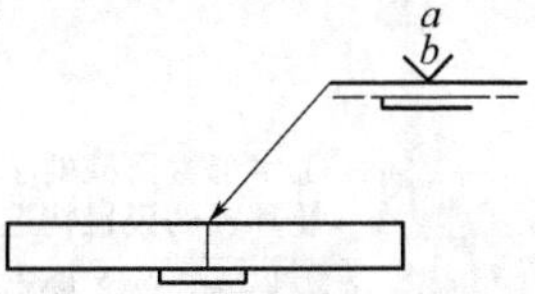	a 施工图中可不标注
	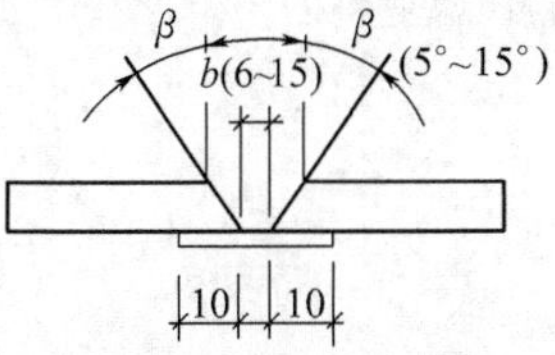	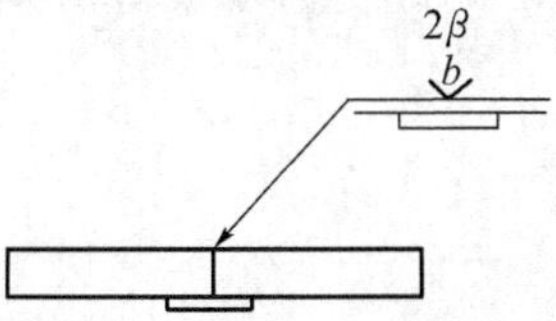	焊件较厚时
Y 型焊缝	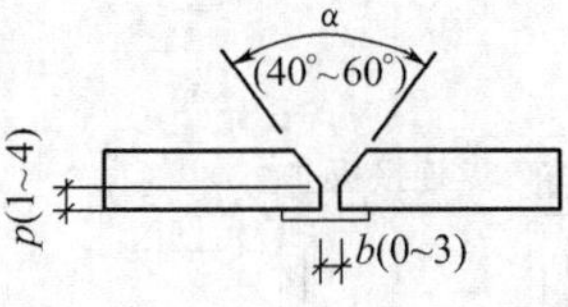	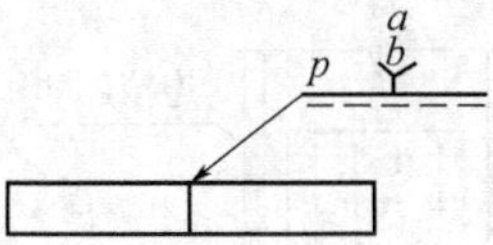	
带垫板 Y 型焊缝	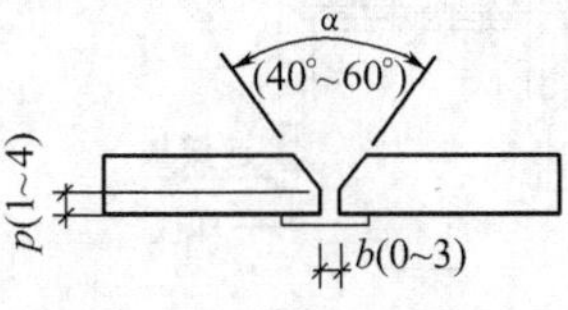	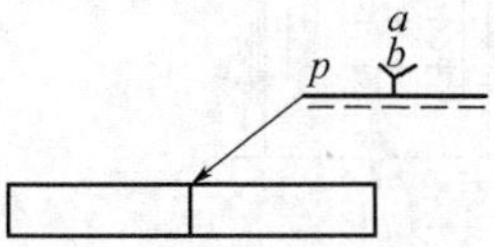	
双单边 V 型焊缝	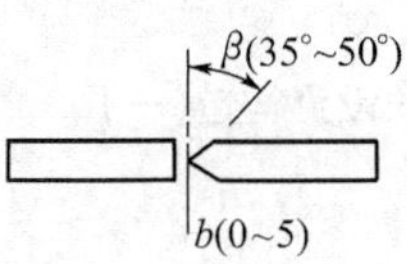	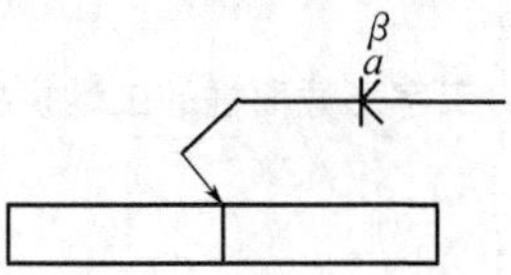	

6.6 钢结构节点详图

1. 工字形截面柱的工地拼接及耳板的设置构造(一)(见图6-14)

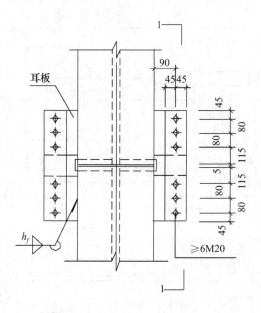

① 工字形截面柱的工地拼接
及耳板的设置构造(一)

翼缘采用全熔透的坡口对接焊缝连
接,腹板采用摩擦型高强度螺栓连接

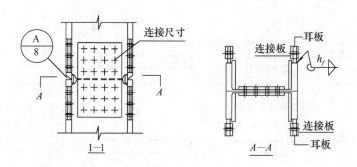

图6-14 工字形截面柱的工地拼接及耳板的设置构造(一)

2. 十字形截面柱的工地拼接及耳板的设置构造(见图 6 – 15)

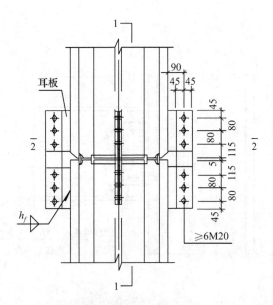

② 十字形截面柱的工地
拼接及耳板的设置构造

翼缘采用全熔透的坡口对接焊缝连
接，腹板采用摩擦型高强度螺栓连接

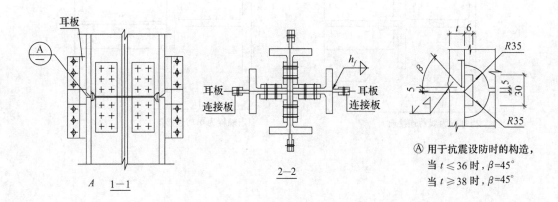

图 6 – 15 十字形截面柱的工地拼接及耳板的设置构造

3. 梁与柱的铰接(见图 6 – 16)

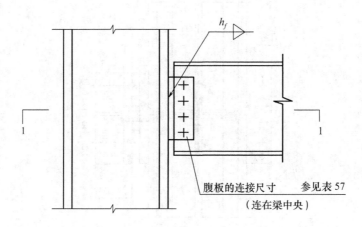

腹板的连接尺寸　　参见表 57
（连在梁中央）

③ 仅将梁腹板与焊于柱翼缘上的连接板
用摩擦型（或承压型）高强度螺栓相连

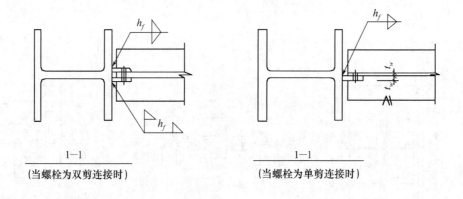

1—1
（当螺栓为双剪连接时）

1—1
（当螺栓为单剪连接时）

图 6 – 16　梁与柱的铰接

4. 梁与柱的刚接(见图 6 – 17)

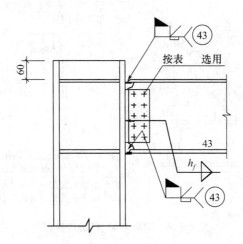

④ 顶层框架梁与箱形截面柱或
与工字形截面柱的刚性连接

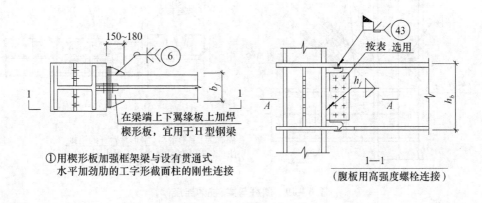

①用楔形板加强框架梁与设有贯通式
水平加劲肋的工字形截面柱的刚性连接

1—1
(腹板用高强度螺栓连接)

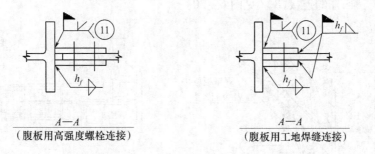

A—A
(腹板用高强度螺栓连接)

A—A
(腹板用工地焊缝连接)

图 6 – 17　梁与柱的刚接

5. 斜杆与梁、柱的连接（1）（见图 6 – 18）

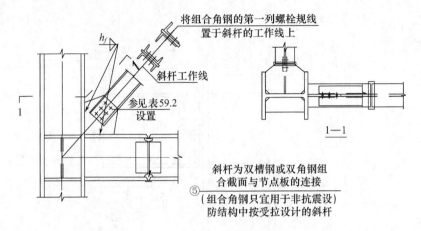

图 6 – 18　斜杆与梁、柱的连接（1）

6. 斜杆与梁、柱的连接（2）（见图 6 – 19）

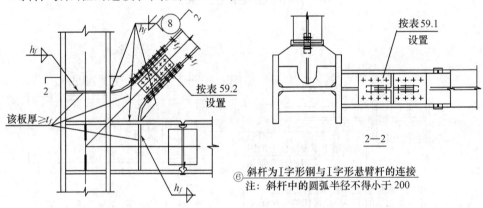

图 6 – 19　斜杆与梁、柱的连接（2）

7. 斜杆与梁、柱的连接（3）（见图 6 – 20）

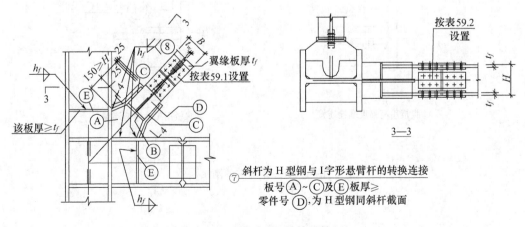

图 6 – 20　斜杆与梁、柱的连接（3）

8. 支撑连接①~④(见图 6-21)

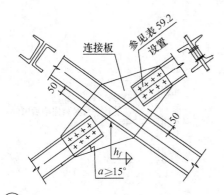

① 支撑斜杆件为双槽钢组合截面与单节点板的连接

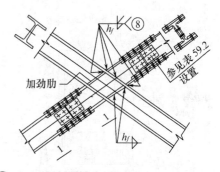

② 支撑斜杆为 H 型钢与相同截面伸臂杆的连接
（一）

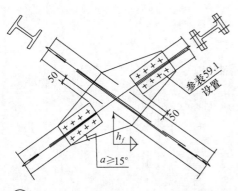

③ 支撑斜杆为 H 型钢与双节点板的连接

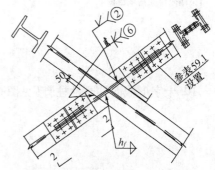

④ 支撑斜杆为 H 型钢与相同截面伸臂杆的连接
（二）

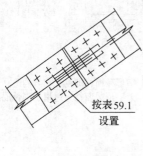

1—1

2—2

图 6-21　支撑连接

9. 工字形刚性柱脚（见图 6－22）

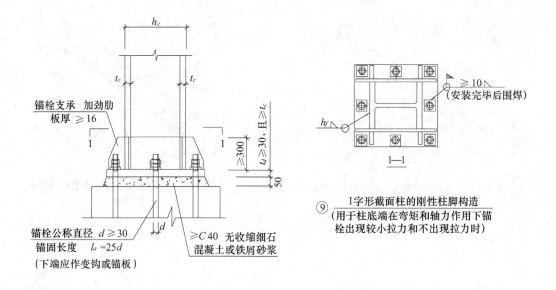

图 6－22　工字形刚性柱脚

10. 十字形截面柱刚性柱脚（见图 6－23）

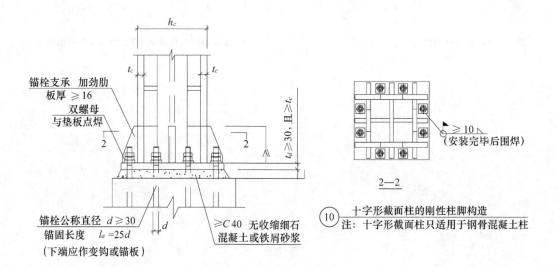

图 6－23　十字形截面柱刚性柱脚

10. 外包式刚性柱脚 (见图 6 – 24)

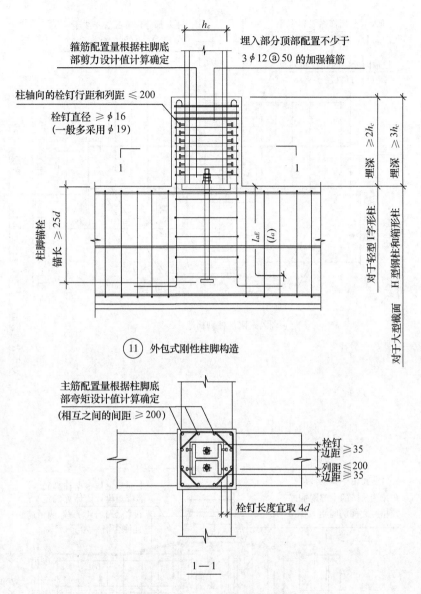

图 6 – 24 外包式刚性柱脚

11. 埋入式刚性柱脚(见图 6-25)

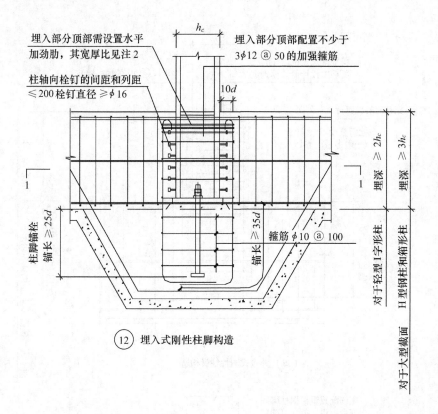

⑫ 埋入式刚性柱脚构造

图中文字标注：
- 埋入部分顶部需设置水平加劲肋，其宽厚比见注 2
- 柱轴向栓钉的间距和列距 ≤200 栓钉直径 ≥φ16
- h_c
- 埋入部分顶部配置不少于 3φ12 @ 50 的加强箍筋
- 10d
- 埋深 ≥2h_c
- 埋深 ≥3h_c
- 柱脚锚栓 锚长 ≥25d
- 锚长 ≥35d
- 箍筋 φ10 @ 100
- 对于轻型 I 字形柱
- H 型钢柱和箱形柱
- 对于大型截面
- 1

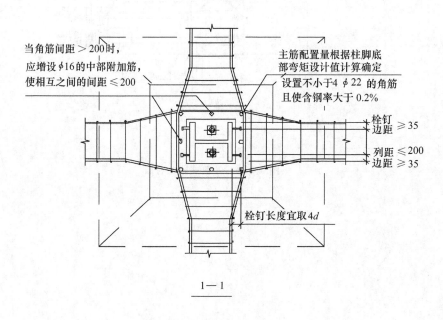

1—1

图中文字标注：
- 当角筋间距 >200 时，应增设 φ16 的中部附加筋，使相互之间的间距 ≤200
- 主筋配置量根据柱脚底部弯矩设计值计算确定
- 设置不小于 4 φ22 的角筋 且使含钢率大于 0.2%
- 栓钉 边距 ≥35
- 列距 ≤200 边距 ≥35
- 栓钉长度宜取 4d

图 6-25 埋入式刚性柱脚

第7章 钢结构门式刚架施工图的识读

教学目的

1. 熟悉门式刚架的概念与组成。
2. 能够识读钢结构门式刚架施工图。
3. 能够按要求绘制钢结构门式刚架的施工图。

任务分析

工程图纸是工程界的技术语言,是表达工程设计和指导工程施工必不可少的重要依据,是具有法律效力的正式文件,也是重要的技术档案文件。

轻型门式刚架房屋结构在我国的应用始于20世纪80年代初期,近十年来得到迅速发展,目前国内每年有上千万平方米的门式刚架建筑工程。识读、绘制钢结构门式刚架施工图,对于一名合格的钢结构从业人员而言,是必不可少的。

7.1 钢结构门式刚架的概念与特点

轻型门式刚架结构是指以轻型焊接 H 型钢(等截面或变截面)、热轧 H 型钢(等截面)或冷弯薄壁型钢等构成的实腹式门式刚架或格构式门式刚架作为主要承重骨架,用冷弯薄壁型钢(槽型、Z 型等)做檩条、墙梁;以压型金属板(压型钢板、压型铝板)做屋面、墙面;采用聚苯乙烯泡沫塑料、硬质聚氨酯泡沫塑料、岩棉、矿棉、玻璃棉等作为保温隔热材料并适当设置支撑的一种轻型房屋结构体系,如图 7-1 所示。

图 7-1 轻型房屋结构体系图

轻型门式刚架的结构体系(见图7-2)通常包括以下组成部分：

(1)主结构　横向刚架(包括中部和端部刚架)、楼面梁、托梁、支撑体系等；

(2)次结构　屋面檩条和墙面檩条等；

(3)围护结构　屋面板和墙板；

(4)辅助结构　楼梯、平台、扶栏等；

(5)基础。

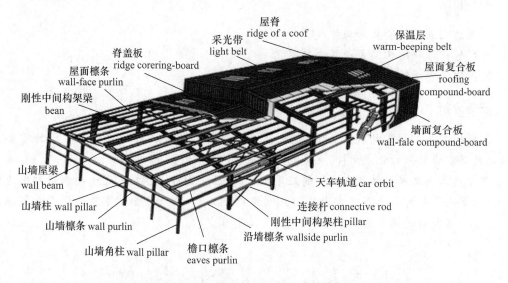

图7-2　轻型门式刚架的结构体系图

在目前的工程实践中,门式刚架的梁、柱多采用焊接H型变截面构件,单跨刚架的梁柱节点采用刚接,多跨者大多刚接和铰接并用;柱脚可与基础刚接或铰接;围护结构多采用压型钢板;保温隔热材料多采用玻璃棉。

门式刚架结构相对于钢筋混凝土结构具有以下特点。

(1)质量轻

围护结构采用压型金属板、玻璃棉及冷弯薄壁型钢等材料组成,屋面、墙面的质量都很轻。根据国内工程实例统计,单层轻型门式刚架房屋承重结构的用钢量一般为 $10 \sim 30 \ kg/m^2$,在相同跨度和荷载情况下自重仅为钢筋混凝土结构的 $1/30 \sim 1/20$。由于其结构质量轻,相应地基础可以做得较小,地基处理费用也较低。同时在相同地震烈度下结构的地震反应小。但当风荷载较大或房屋较高时,风荷载可能成为单层轻型门式刚架结构的控制荷载。

(2)工业化程度高,施工周期短

门式刚架结构的主要构件和配件多为工厂制作,质量易于保证,工地安装方便;除基础施工外,基本没有湿作业;构件之间的连接多采用高强度螺栓连接,安装迅速。

(3)综合经济效益高

门式刚架结构通常采用计算机辅助设计,设计周期短;原材料种类单一;构件采用先进自动化设备制造;运输方便等。所以门式刚架结构的工程周期短,资金回报快,投资效益相对较高。

(4)柱网布置比较灵活

传统钢筋混凝土结构形式由于受屋面板、墙板尺寸的限制,柱距多为 6 m,当采用 12 m 柱距时,需设置托架及墙架柱。而门式刚架结构的围护体系采用金属压型板,所以柱网布置不受模数限制,柱距大小主要根据使用要求和用钢量最省的原则来确定。

7.2 钢结构门式刚架施工图的组成与特点

7.2.1 门式刚架的结构形式和结构布置

1.结构形式

门式刚架的结构形式按跨度可分为单跨、双跨和多跨,按结构受力条件可分为无铰刚架、两铰刚架、三铰刚架,按屋面坡脊数可分为单脊单坡、单脊双坡、多脊多坡。屋面坡度宜取 1/20 ~ 1/8。单脊双坡多跨刚架,用于无桥式吊车的房屋时,当刚架柱不是特别高且风荷载也不是很大时,依据"材料集中使用的原则",中柱宜采用两端铰接的摇摆柱方案。门式刚架的柱脚多按铰接设计,当用于工业厂房且有桥式吊车时,宜将柱脚设计成刚接。门式刚架上可设置起重量不大于 3 t 的悬挂吊车和起重量不大于 20 t 的轻、中级工作制的单梁或双梁桥式吊车。

2.结构布置

(1)刚架的建筑尺寸和布置

门式刚架的跨度宜为 9 ~ 36 m,当柱宽度不等时,其外侧应对齐。高度应根据使用要求的室内净高确定,宜取 4.5 ~ 9 m。门式刚架的合理间距应综合考虑刚架跨度、荷载条件及使用要求等因素,一般宜取 6 m,7.5 m,9 m。纵向温度区段小于 300 m,横向温度区段小于 150 m(当有计算依据时,温度区段可适当放大)。

(2)檩条和墙梁的布置

檩条间距的确定应综合考虑天窗、通风屋脊、采光带、屋面材料、檩条规格等因素按计算确定,一般应等间距布置,但在屋脊处应沿屋脊两侧各布置一道,在天沟附近布置一道。侧墙墙梁的布置应考虑门窗、挑檐、雨篷等构件的设置和围护材料的要求确定。

(3)支撑和刚性系杆的布置

①在每个温度区段或分期建设的区段中,应分别设置能独立构成空间稳定结构的支撑体系。

②在设置柱间支撑的开间,应同时设置屋盖横向支撑,以构成几何不变体系。

③端部支撑宜设在温度区段端部的第一或第二个开间。柱间支撑的间距应根据房屋纵向受力情况及安装条件确定,一般取 30 ~ 45 m,有吊车时不宜大于 60 m。

④当房屋高度较大时,柱间支撑应分层设置;当房屋宽度大于 60 m 时,内柱列宜适当设置支撑。

⑤当端部支撑设在端部第二个开间时,在第一个开间的相应位置应设置刚性系杆。

⑥在刚架的转折处(边柱柱顶、屋脊及多跨刚架的中柱柱顶)应沿房屋全长设置刚性系杆。

⑦由支撑斜杆等组成的水平桁架,其直腹杆宜按刚性系杆考虑。

⑧刚性系杆可由檩条兼作,此时檩条应满足压弯构件的承载力和刚度要求,当不满足时可在刚架斜梁间设置钢管、H 型钢或其他截面形式的杆件。

⑨当房屋内设有不小于 5 t 的吊车时,柱间支撑宜用型钢;当房屋中不允许设置柱间支撑时,应设置纵向刚架。

7.2.2　门式刚架施工图的内容组成

一套完整的轻钢门式刚架图纸主要包括:结构设计说明,锚栓平面布置图(见图7-3),基础平面布置图,刚架平面布置图,屋面支撑布置图,柱间支撑布置图,屋面檩条布置图,墙面檩条布置图,主刚架图和节点详图等。

目前的工程实践中,门式刚架施工图,一般包括以下内容。

1. 图纸目录

略。

2. 钢结构设计总说明

内容一般应有设计依据、设计荷载、工程概况和对材料、焊接、焊接质量等级、高强螺栓摩擦面抗滑移系数、预拉力、构件加工、预装、防锈与涂装等施工要求及注意事项等。

3. 布置图

主要供现场安装用,依据钢结构设计图,以同一类构件系统(如屋盖、刚架、吊车梁、平台等)为绘制对象,绘制本系统构件的平面布置和剖面布置,并对所有的构件编号、布置图尺寸应标明各构件的定位尺寸、轴线关系、标高以及构件表、设计总说明等。

4. 构件详图

详细图解见图7-4。

5. 安装节点图

详细图解见图7-5。

7.3　钢结构门式刚架施工图的识读绘制步骤与方法

施工图的识读方法可归纳为:从上往下看,从左往右看,从前往后看,从大往小看,由粗到细看,图样与说明对照看,结施与建施结合看,其他设施参照看。

总的看图步骤:先看目录和设计说明,再看建施图,然后再看结构施工图。具体来说,可分为以下几步:

(1)看简图,了解结构形式及尺寸,了解结构的跨度、高度、节点之间杆件的计算长度以及上弦杆的倾斜角度等内容。

(2)看各图形的相互关系,分析表达方案及内容。

(3)分析各杆件的组合形式。

(4)弄清节点。

(5)分析尺寸。

由于图面上的各种线条纵横交错,各种图例,符号繁多,对初学者来说,开始看图时必须要有耐心,认真细致,并要花费较长的时间,才能把图看明白。

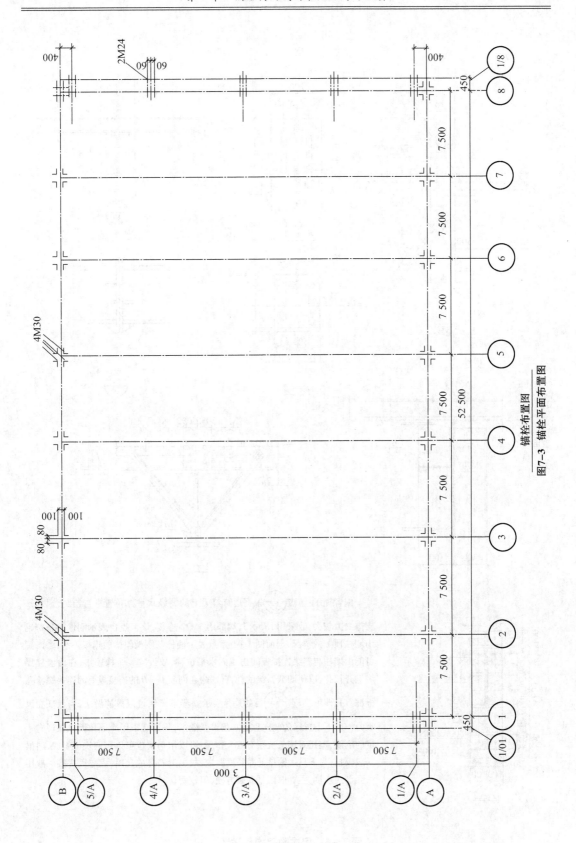

图7-3　锚栓平面布置图

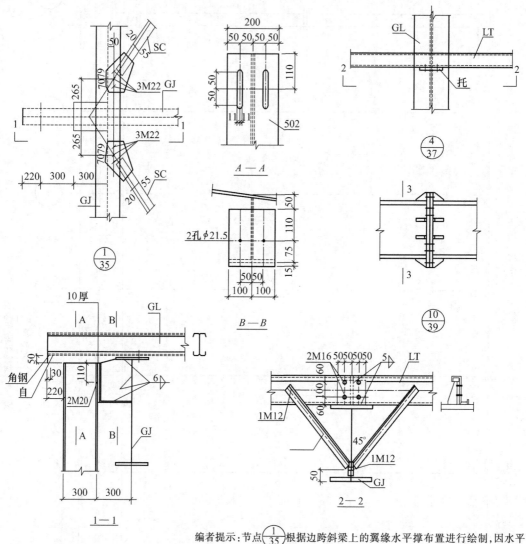

编者提示:节点 $\dfrac{1}{35}$ 根据边跨斜梁上的翼缘水平撑布置进行绘制,因水平支撑受力较大,故采用 L75×5,端部用 3M22 连接,该节点也表示刚性擦条跨越山墙柱顶上的情况,剖面图 1—1 重点表示墙柱与刚架梁的连接关系,考虑到可能山墙柱与斜梁连接板间出现的水平位移,故设置一个橡胶垫,在山墙柱翼缘上开长孔,以便调节斜梁的垂直位移,在剖面 B—B 的连接板上的连接螺栓孔标准打孔即可,节点 $\dfrac{4}{37}$ 目的是为表示斜梁下翼缘设限撑的做法,为保证在风吸力作用下翼缘的侧向称定必须设置隔撑,隔撑宜采用冷弯角钢以保证有一定的刚度,擦托对擦条抗扭有较大作用,可以用角钢也可以用两块板组成,斜梁一般较长,为满足运输单元对长度要求,故一般需分成几段,段与段拼接一般用法兰盘式连接,主要原因是安装方便,但较费材料。

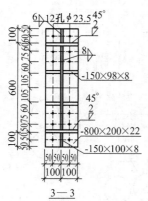

图7-4　门式刚架构件详图

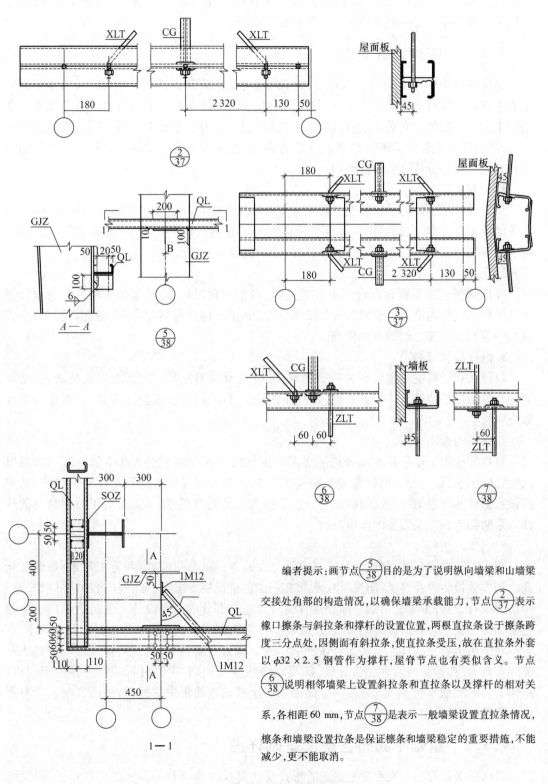

编者提示:画节点$\frac{5}{38}$目的是为了说明纵向墙梁和山墙梁交接处角部的构造情况,以确保墙梁承载能力,节点$\frac{2}{37}$表示橡口檩条与斜拉条和撑杆的设置位置,两根直拉条设于檩条跨度三分点处,因侧面有斜拉条,使直拉条受压,故在直拉条外套以$\phi 32 \times 2.5$钢管作为撑杆,屋脊节点也有类似含义。节点$\frac{6}{38}$说明相邻墙梁上设置斜拉条和直拉条以及撑杆的相对关系,各相距60 mm,节点$\frac{7}{38}$是表示一般墙梁设置直拉条情况,檩条和墙梁设置拉条是保证檩条和墙梁稳定的重要措施,不能减少,更不能取消。

图 7 - 5　门式刚架安装节点图

　　一套典型的钢结构门式刚架施工图,往往包括了以下内容:结构设计说明、基础平面布置图及基础详图、锚栓平面布置图、柱间支撑布置图、屋面檩条布置图、墙面檩条布置图、主钢架和节点详图。每一部分的识读与绘制要点如下:

7.3.1　结构设计说明

　　结构设计说明主要包括工程概况、设计依据、设计荷载资料、材料的选用、制作安装等主要内容。一般可根据工程特点分别进行详细说明,尤其是对于工程中的一些总体要求和图中不能表达清楚的问题要重点说明。由此可以看出,为了能够更好地掌握图纸所表达的信息,结构设计说明在读图时是要重点细读的,这也是大多数初学者容易忽视的。下面我们和大家一起来分析结构设计说明。

　　1. 工程概况

　　结构设计说明中的工程概况主要用来介绍本工程的结构特点,如建筑的柱距、跨度、高度等结构布置方案,以及结构的重要性等级内容。这些内容的识读,一方面有利于了解结构的一些总体信息,另一方面为我们后面的读图提供了一些参考依据。

　　2. 设计依据

　　设计依据包括工程设计合同书有关文件、岩土工程报告、设计基础资料及有关设计规范及规程等规程内容。对于施工人员来讲,有必要了解这些资料,甚至有些资料(如岩土工程报告等),还是施工时的重要依据。

　　3. 设计荷载资料

　　设计荷载资料主要包括各种荷载的取值、抗震设防类别等。对于施工人员来讲,尤其要注意各结构部位的设计荷载取值,在施工时千万不能超过这些设计荷载,否则将会造成危险事故。

　　4. 材料的选用

　　材料的选用主要是对各部分构件选用的钢材按主次分别提出钢材质量等级和牌号以及性能的要求,以及相应钢材等级性能选用配套的焊条和焊丝的牌号及性能的要求,选用高强度螺栓和普通螺栓的性能级别等。这是施工人员尤其要注意的,这对于后期材料的统计与采购都起着至关重要的作用。

　　5. 制作方案

　　制作安装主要包括:制作的技术要求及允许偏差;螺栓连接精度和施工要求;焊缝质量要求和焊缝检验等级要求;防腐和防火措施;运输和安装要求等。此项内容可整体作为一个条目编写,也可像本套图纸一样分条目编写。这一部分内容是设计人员提出的施工指导意见和特殊要求,因此,作为施工人员,必须要在施工过程中认真贯彻本条目的各项要求。

　　对于初学者,在识读"结构设计说明"时,应该做好必要的笔记,主要记录跟工程施工有关的重要信息,如结构的重要性等级、抗震设防烈度及类别、主要材料的选用和性能要求、制作安装的注意事项等。这样做一方面便于对这些信息的集中掌握,另外还方便读者对图纸的前后对比。

7.3.2　基础平面布置图及基础详图

　　基础平面布置图主要通过平面图的形式反映建筑物基础的平面位置关系和平面尺寸。对于门式钢结构,在较好的地质情况下,基础形式关系一般采用柱下独立基础。在平面布置图中,一般标注有基础的类型和平面的相关尺寸,如果需要设置拉梁,也一并在基础平面布置图中标出。

由于门式钢架的结构单一,柱脚类型较少,相应基础类型也不多,所以往往把基础详细图和基础平面布置图放在一张图纸上(如果基础类型较多,可考虑将基础详细设计图单列一张图纸)。基础详图往往采取水平局部剖面图和竖向剖面图来表达,图中主要注明各类型基础的平面尺寸和基础的竖向尺寸,以及基础的配筋情况等,如图7-6所示。

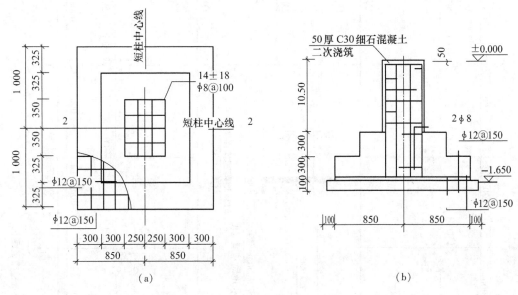

图7-6 基础详图

在识读本工程的基础平面布置图时,首先可以从基础平面布置图中读出该建筑物的基础为柱下独立基础;接着便可从详细图中分别读出基础的具体构造做法、尺寸及配筋。对于施工来讲,关键还应从详细图中找到每个基础的埋置深度问题。

对于识图基础平面布置图及其详图,还有两点需要特别注意:一是要注意图中写出施工说明,这往往是图中不方便表达的或没有具体表达的部分,因此读图者一定要特别注意;二是要观察每一个基础与定位轴线的相对关系,此处最好一起看一下柱子与定位轴线的相对关系,从而确定柱子与基础位置的关系,以确保安装的精确性。

7.3.3 柱脚锚栓布置图

柱脚锚栓布置图的形成方法是,先按一定比例绘制柱网平面布置图,再在该图上标注出各个钢柱柱脚锚栓的位置,即相对于纵横轴线的位置尺寸,在基础剖面上标出锚栓空间位置高程,并标明锚栓规格数量及埋没深度,详细图例如图7-7所示。

在识读柱脚锚栓布置图时需要注意以下几个方面问题:

(1)通过对锚栓平面布置图的识读,根据图纸的标注能够准确地对柱脚锚栓进行水平定位。

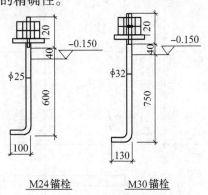

图7-7 柱脚锚栓布置图

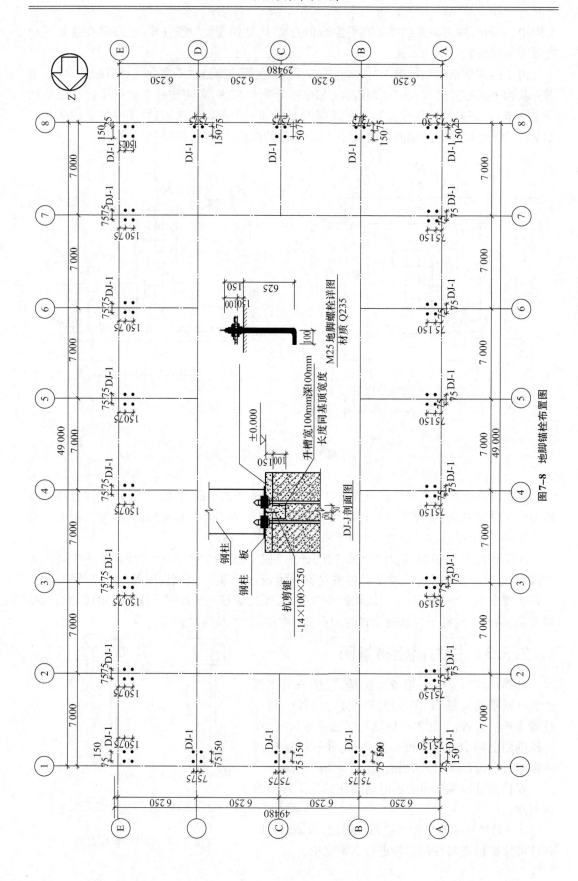

图7-8　地脚锚栓布置图

（2）通过对锚栓详图的识读，掌握跟锚栓有关的一些竖向尺寸，主要有锚栓的直径、锚栓的锚固长度、注脚底板的标高等。

（3）通过对锚栓布置图的识读，可以对整个工程的锚栓数量进行统计。

7.3.4　支撑布置图

支撑布置图包括屋面支撑布置图和柱间支撑布置图，如图 7 - 9 所示。屋面支撑布置图主要表示屋面水平支撑体系的布置和系杆的布置；柱间支撑布置图主要采用纵剖面来表示柱间支撑的具体安装位置。另外，往往还配合详细图共同表达支撑的具体做法和安装方法。

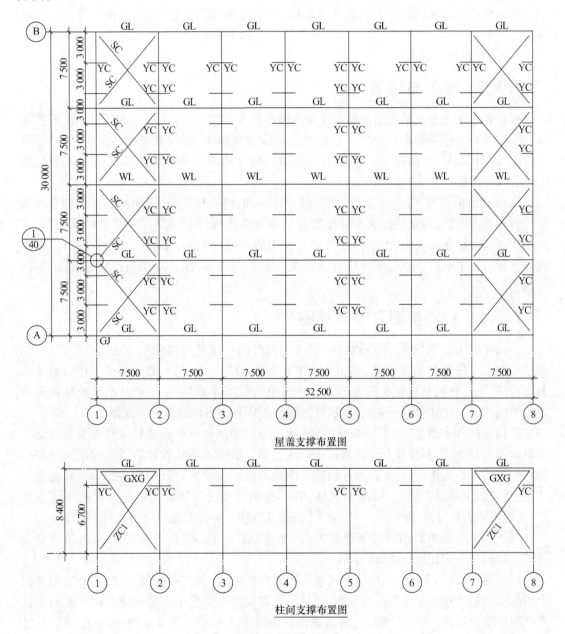

屋盖支撑布置图

柱间支撑布置图

图 7 - 9　支撑布置图

　　读图时,往往需要按顺序读出以下一些信息:

　　(1)明确支撑的所处位置和数量。门式钢结构中,并不是每一个开间都要设置支撑,如果在某开间内设置,往往将屋面支撑和柱间支撑设置在同一开间,从而形成支撑桁架体系。因此需要首先从图中明确支撑系统到底设在了哪几个开间,另外需要知道每个开间内设置了几道支撑。

　　(2)明确支撑的起始位置。对于柱间支撑需要明确支撑底部的起始高程和上部的结束高程;对于屋面支撑,则需要明确其起始位置与轴线的关系。

　　(3)支撑的选材和构造做法。支撑系统主要分为柔性支撑和刚性支撑两类,柔性支撑主要指的是圆钢截面,它只能承受拉力;而刚性支撑主要指的是角钢截面,既可以受拉也可以受压。此处可以根据详图来确定支撑截面,它与主刚架的连接做法,以及支撑本身特殊构造。

　　(4)系杆的位置和截面。

7.3.5　檩条布置图

　　檩条布置图主要包括屋面檩条布置图和墙面檩条布置图,如图7-10所示。屋面檩条布置图主要表明檩条间距和编号以及檩条之间设置直拉条、斜拉条布置和编号,另外还有隅撑的布置和编号;墙面檩条布置图,往往按墙面所在轴线分类绘制,每个墙面檩条布置图的内容与屋面檩条布置内容相似。

　　在识读檩条布置图时,首先要弄清楚各种构件的编号规则;其次要清楚每种檩条的所在位置和截面做法,檩条的位置主要根据檩条布置图上标注的间距尺寸和轴线来判断,尤其要注意墙面檩条布置图,由于门窗的开设使得墙梁的间距很不规则,至于截面可以根据编号到材料表中查询;最后,结详图弄清檩条与刚架的连接、檩条与拉条连接、隅撑的做法等内容。

7.3.6　主刚架图及节点详图

　　门式刚架由于通常采用变截面,故要绘制构件图以便通过构件图表达构件外形、几何尺寸及构件中杆件的截面尺寸,如图7-11和图7-12所示;门式刚架图可利用对称性绘制,主要标注其变截面柱和变截面斜梁的外形和几何尺寸,定位轴线和标高以及柱截面与定位轴线的相关尺寸等。一般根据设计的情况,不同种类的刚架均含有此图。

　　在相同构件的拼接处、不同构件的连接处、不同结构材料的连接处以及需要特殊交代清楚的部位,往往需要有节点详图来进行详细说明。节点详图在设计阶段应表示清楚各构件间相互关系及构造特点,节点上注明整个结构上的相关位置,即应标出轴线编号、相关尺寸、主要控制标高、构件编号或截面规格、节点板厚及加肋做法。构件与节点板焊接连接时,应标明焊脚尺寸及焊缝符号。构建采用螺栓连接时,应标明螺栓种类、直径、数量。

　　对于一个单层单跨的门式刚架结构,它的主要节点详图包括梁柱节点详图、梁梁节点详图、屋脊节点详图以及柱脚详图等。

　　在识读详图时,应该先明确详图所在结构的相关位置,往往有两种方法:一是根据详图上所标示的轴线和尺寸进行位置判断;二是利用前面讲过的索引符号和详图符号的对应性来判断详图的位置。明确位置后,紧接着要弄清图中所画构件是什么构件,它的截面尺寸是多少。再接下来,要清楚为实现连接需加设哪些连接板件或加劲板间。最后,再来了解构件之间的连接方法。

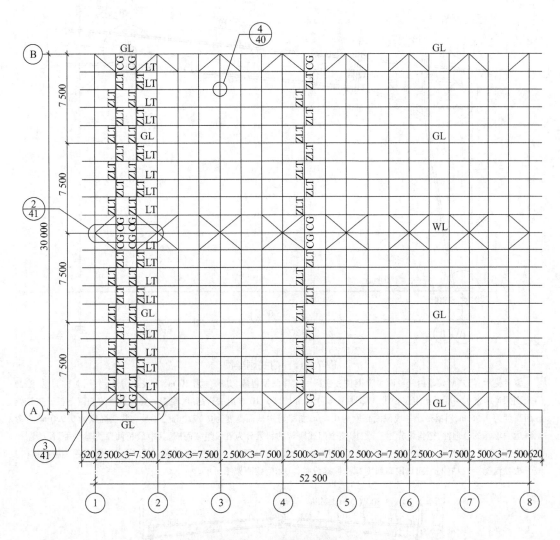

图 7 – 10 檩条布置图

编者提示:按1:300绘出平面图,按柱间距7.5 m绘出纵向定位轴线图,根据压型钢板的板型和承载能力确定檩距为1.5 m,按1.5 m檩距用0.5 mm的单线条绘制简支檩条,因山堵柱轴线距边柱轴线0.45 m,故端部檩条外伸0.82 m,因檩条跨度为7.5 m,遵照技术规范规定在跨度方向三分点处布置直拉条,为防止檩条倾倒,必须在檩口布置斜拉条,与斜拉条在同一檩跨中的直拉条变成压杆,故在其外面套一个钢管使其成为撑杆,檩条承受的线荷载在坡度方向的分力由直拉条承担并传至脊檩条,屋脊在两个坡度方向的檩条上、下翼缘由缀板连在一起成为一根别性的脊檩,考虑到在风力反复作用下的不利因素和安装过程檩条的稳定性,跨度比较大坡尾面宜在屋脊处增设檩条斜拉条。

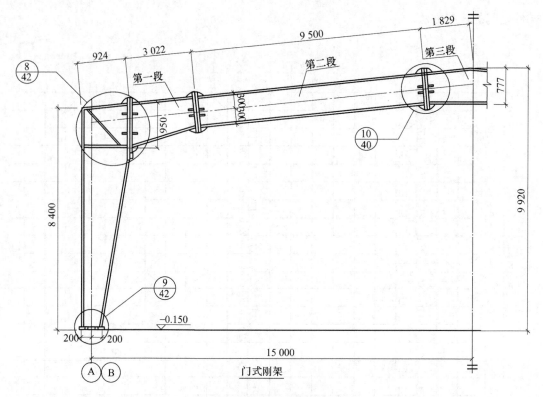

图 7 - 11　门式刚架图

编者提示：门式刚架是由变载面实腹钢柱和变载面实腹斜梁组成，其跨度为 30 m，为表达清楚，利用对称关系，绘制门式刚架半跨按 1∶100 画出定位轴线，根据柱高 8.4 m 和坡度 1∶10 求出屋脊高度，根据计算结果确定斜梁与柱子连接处载面高度为 0.95 m，斜梁最小一段截面高度为 0.6 m，斜梁跨中截面高度为 0.777 m，柱子最大截面高度为 0.920 m，再考试到运输单元的合理性，把斜梁分为三段，即整个门式刚架的斜梁分为五段组装而成，其中最长两段为等截面，便于制作和运输，因柱子长为 8.4 m，没有超过运输允许长度规定，故整根柱子为一根完整的运输单元，单元之间采用端板拼接（相似于法兰盘连接），结构安装时，用高强度螺栓连接成整体，如门式刚架图所示。

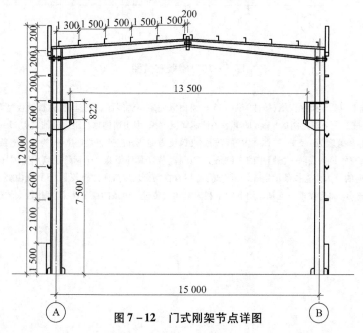

图 7 - 12　门式刚架节点详图

第8章　钢结构桁架式厂房施工图的识读

教学目的

1. 了解钢结构厂房的概念与特点,熟悉钢结构厂房的组成。
2. 理解钢屋架的组成和特点。
3. 熟悉钢屋盖的支撑体系。
4. 能够识读并按要求绘制钢结构厂房施工图。

任务分析

钢结构厂房是工业与民用建筑中应用钢结构较多的建筑物,其结构形式十分典型。钢结构厂房施工图包含了各种钢结构制图元素,其识读和绘制是一项综合性技能。熟练识读、绘制钢结构厂房施工图,是钢结构施工从业者的一项关键技能。

8.1　厂房钢结构的概念与特点

钢结构的厂房主要是指主要的承重构件是由钢材组成的,包括钢柱子、钢梁、钢结构基础、钢屋架、钢屋盖。墙体可以采用冷弯薄壁钢板,也可以采用砖墙维护,如图8-1所示。

图8-1　钢结构厂房

按照用钢量的多少,钢结构厂房可以分为轻型和重型钢结构厂房。

钢结构厂房主要包括以下几个部分(如图 8 - 2 所示):

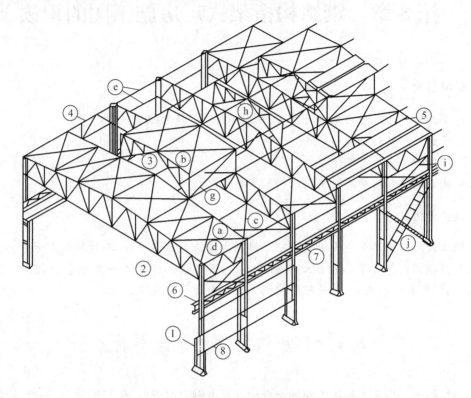

图 8 - 2　钢结构厂房的组成部分

(1)基础及预埋件,能稳定厂房结构。

(2)柱子,一般用 H 型钢,或者 C 型钢(通常是用角钢把两根 C 型钢连接)。

(3)梁,一般都用 C 型钢和 H 型钢(中间积的高度根据梁的跨度来定)。

(4)吊车梁,包括制动梁或制动桁架。

(5)屋盖系统,包括屋面板、檩条、天窗、屋架或梁、托架等。

其中,檩条通常是 C 型钢的,也有用槽钢的;屋面板,分为两种,第一种是单片瓦(彩钢瓦),第二种是复合板(两层瓦中间隔着泡沫起到冬暖夏凉的作用,也有隔音的效果)。

(6)墙架及各种支撑。

以上构件组合而成空间刚性骨架,承受作用在厂房结构上的各种荷载,是整个建筑物的承重骨干。

钢结构厂房建设、安全机械化程度高。钢构件所用的材料单一,而且是成品,加工简便,机械化程度高,施工周期短。钢结构厂房自重轻,虽然钢的比重大,但其机械性能很好,可以承受较大负荷,钢结构截面尺寸小,同样荷载时,钢屋架的质量最多不过钢筋混凝土屋架的 1/3 或 1/4。钢结构的质量小,便于运输。钢结构标准厂房平面布局灵活,跨度大,建筑面积利用率高。钢结构厂房灵活多变的车间工艺布置要求和最大限度的空间利用率,同时也能很好的解决厂房的通风、采光、保暖隔热以及屋面排水、生活设施布置、人员疏散等。

8.2　厂房钢结构施工图的组成与特点

厂房钢结构施工图往往比较复杂。一套完整的厂房钢结构施工图通常由图纸目录、设计说明、基础图、结构布置图、构件图、节点详图以及其他次构件图、钢材订货表等组成。

目前的工程实践中,一套典型厂房钢结构施工图由以下几个部分组成:

8.2.1　图纸目录

图纸目录通常注有设计单位名称、工程名称、工程编号、基础图、结构布置图、构件图、项目、出图日期、图纸名称、图别、图号、图幅以及校对、制表人等。

8.2.2　钢结构的设计说明

设计说明通常包含:

(1)设计依据　主要有国家现行有关规范和甲方的有关要求。

(2)设计条件　主要指永久荷载、可变荷载、风荷载、雪荷载、抗震设防烈度及工程主体结构使用年限和结构重要等级等。

(3)工程概况　主要指结构形式和结构规模等。

(4)设计控制参数　主要指有关的变形控制条件。

(5)材料　主要指所选用的材料要符合有关规范及所选用材料的强度等级等。

(6)钢构件制作和加工　主要指焊接和螺栓等方面的有关要求及其验收的标准。

(7)钢结构运输和安装　主要包含运输和安装过程中要注意的事项和应满足的有关要求。

(8)钢结构涂装　主要包含构件的防锈处理方法和防锈等级及漆膜厚度等。

(9)钢结构防火　主要包含结构防火等级及构件的耐火极限等方面的要求。

(10)钢结构的维护及其他需说明的事项内容。

8.2.3　基础图

基础图包括基础平面布置图和基础详图。基础平面布置图主要表示基础的平面位置(即基础与轴线的关系),以及基础梁、基础其他构件与基础之间的关系;标注基础、钢筋混凝土柱、基础梁等有关构件的编号,表明地基持力层、地耐力、基础混凝土和钢材强度等级等有关方面的要求。基础详图组要表示基础的细部尺寸,如基底平面尺寸、基础高度、底板配筋、基底标高和基础所在的轴线号等;基础梁详图主要表示梁的断面尺寸、配筋和标高。

8.2.4　柱脚平面布置图

柱脚平面布置图主要表示柱脚的轴线位置和柱脚详图的编号。柱脚详图表示柱脚的细部尺寸、锚栓位置及柱脚二次灌浆的位置和要求等,图 8 - 3 所示为某工程锚栓平面布置图。

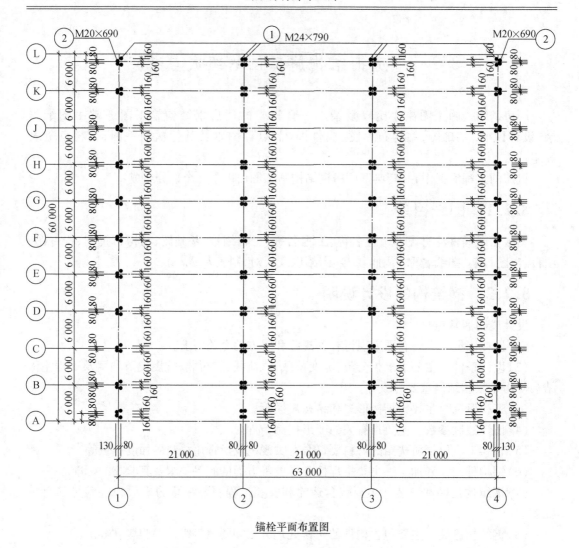

锚栓平面布置图

图 8-3　某工程锚栓平面图

8.2.5　结构平面布置图

结构平面布置图表示结构构件在平面的相互关系和编号,如框架或主次梁、楼板的编号以及它们与轴线的关系。

8.2.6　墙面结构布置图

墙面结构布置图可以是墙面檩条布置图、柱间支撑布置图。墙面檩条布置图表示墙面檩条的位置、间距及檩条的型号;柱间支撑布置图表示柱间支撑的位置和支撑杆件的型号。墙面檩条布置图同时也表示隅撑、拉条、撑杆的布置位置和所选用的钢材型号,以及墙面其他构件的相互关系,如门窗位置、轴线编号、墙面标高等。

8.2.7　屋盖支撑布置图

屋盖支撑布置图(见图 8-4 和图 8-5)表示屋盖支撑系统的布置情况。屋面的水平横向支撑通常由交叉圆杆组成,设置在与柱间支撑相同的柱间;屋面的两端和屋脊处设有刚性系杆,刚性系杆通常是圆钢管或角钢,其他为柔性系杆,可用圆钢。

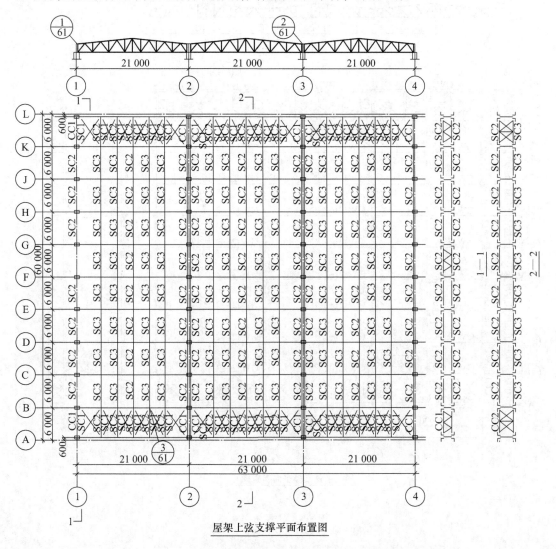

屋架上弦支撑平面布置图

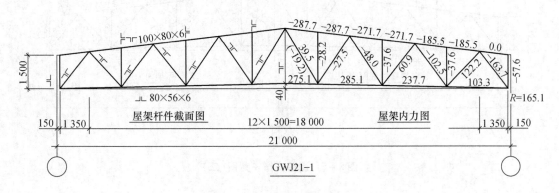

图 8 - 4　屋盖支撑布置图(一)

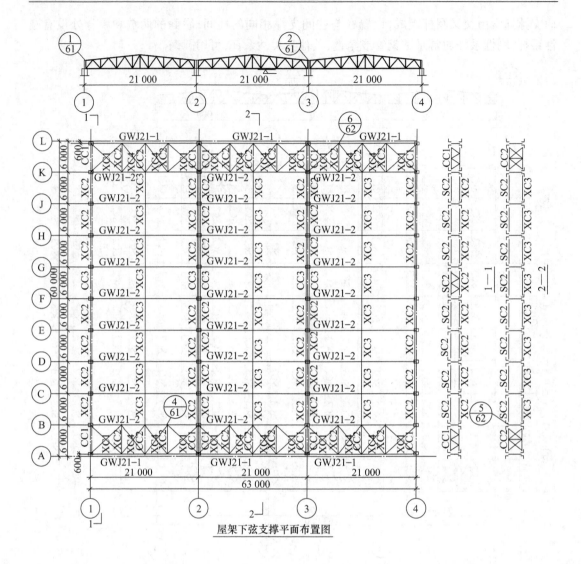

屋架下弦支撑平面布置图

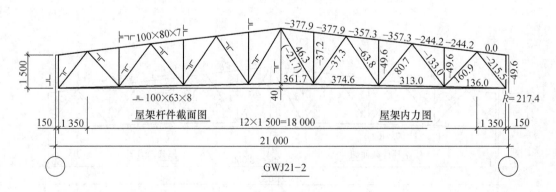

图 8 – 5　屋盖支撑布置图(二)

8.2.8　屋面檩条布置图

屋面檩条布置图(见图 8 - 6)表示屋面檩条的位置、间距和型号以及拉条、撑杆、隔撑的布置位置和所选用的型号。

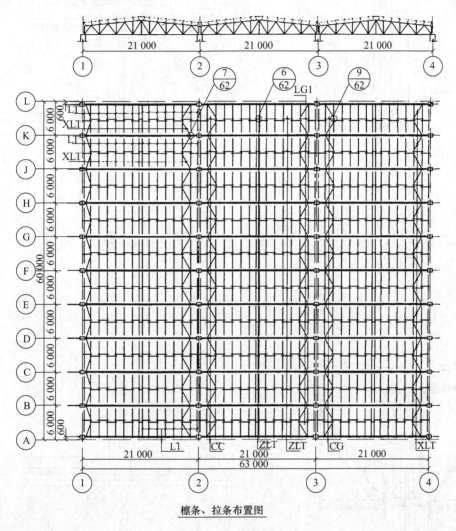

檩条、拉条布置图

图 8 - 6　屋面檩条布置图

8.2.9　构件图

构件图可以是框架图、刚架图,也可以是单根构件图,如刚架图主要表示刚架的细部尺寸、梁和柱变截面位置,刚架与屋面檩条、墙面檩条的关系;刚架轴线尺寸、编号及刚架纵向高度、标高;刚架梁、柱编号、尺寸以及刚架节点详图索引编号等。

8.2.10　节点详图

节点详图是表示某些复杂节点的细部构造。如刚架端部和屋脊的节点,它表示连接节点的螺栓个数、螺栓直径、螺栓等级、螺栓位置、螺栓孔直径;节点板尺寸、加劲肋位置、加劲肋尺寸以及连接焊缝尺寸等细部构造情况,如图 8 - 7 所示。

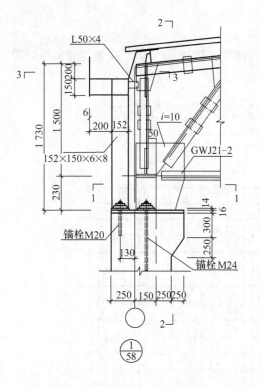

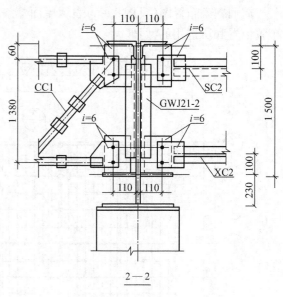

2—2

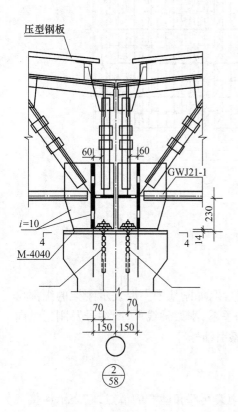

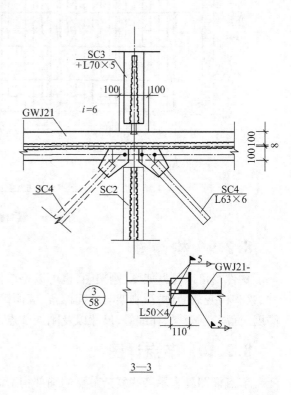

3—3

图 8 - 7 节点详图

8.2.11　次构件详图

次构件详图包括隅撑、拉条、撑杆、系杆及其他连接构件的细部构造情况,如图 8 - 8 所示。

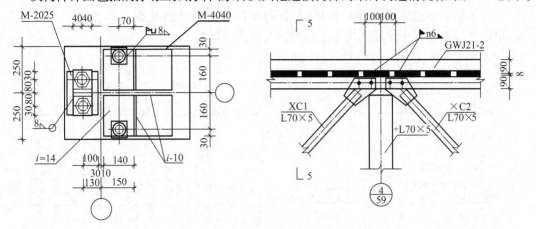

图 8 - 8　次构件详图

8.2.12　材料表

材料表包括构件的编号、零件号、截面尺寸、构件长度、构件数量及质量等。

8.3　厂房钢结构施工图的识读绘制步骤与方法

总体上,厂房钢结构施工图的识读方法与门式刚架施工图类似。

基本方法为:从上往下看,从左往右看,从前往后看,从大往小看,由粗到细看,图样与说明对照看,结施与建施结合看,其他设施参照看。

总的看图步骤:先看目录和设计说明,再看建施图,然后再看结构施工图。具体来说,可分为以下几步:

(1)看简图,了解结构形式及尺寸。

(2)看各图形的相互关系,分析表达方案及内容。

(3)分析各杆件的组合形式。

(4)弄清节点。

(5)分析尺寸。

厂房钢结构施工图的内容比较多,包括钢屋架、钢结构屋盖系统、天窗架、钢屋盖支撑系统、钢结构框架柱、吊车梁与柱间支撑等。识读的关键,就是要将这些构件的信息读懂读全。

8.3.1　钢屋架

钢屋架是钢结构屋面的承重构件,其外观形式也是多样的。

钢屋架,屋架的外形有三角形、梯形、人字形或多边形等,如图 8 - 9 所示。外形主要由房间的用途、屋架与柱钢接或铰接,以及屋面的坡度等因素决定。

三角形屋架多用于有檩屋盖体系的轻型防水屋面,跨度 9～18 cm。

梯形屋架适用于跨度不小于 18 cm 且屋面坡度较平缓的无檩屋盖体系。

人字形屋架适用于 $l \geqslant 30$ m 或柱子不高、采用梯形屋架有压抑感时。

弦杆折曲的多边形屋架适用于中等屋面跨度(1/6～1/3)的屋盖。

单坡度屋架适用于外排水房屋的边跨以及锯齿形屋盖。

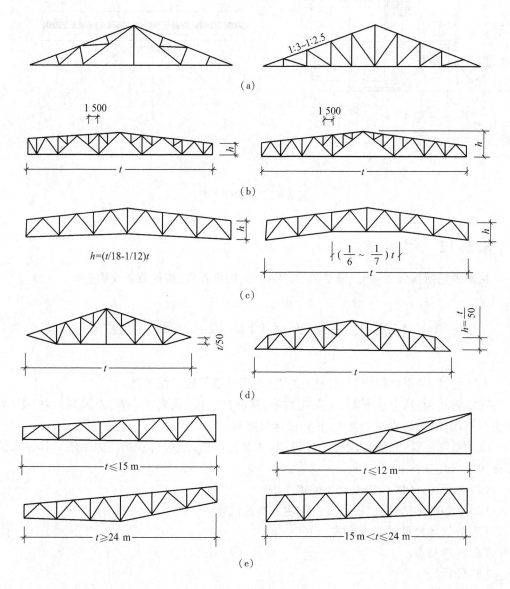

图 8－9　钢屋架

8.3.2　钢结构屋盖系统

檩条一般用于轻屋面及瓦屋面,其形式有实腹式和桁架式(包括平面的和空间的)两种。跨度为 6 m 时,采用槽钢,也可用普通工字钢、双角钢组成的槽形或 Z 型钢。跨度大于 4 m 时,可采用单角钢。跨度超过 6 m 可采用宽翼缘 H 型钢或三块板焊成的工形钢。采用实腹式不经济时,可采用桁架式檩条。

实腹式檩条,常采用工字钢、角钢、槽钢、H 型钢或冷弯型钢制作,如图 8 – 10 所示。

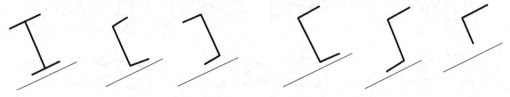

图 8 – 10　实腹式檩条

平面桁架式檩条,常采用角钢、槽钢、H 型钢制作,如图 8 – 11 所示。

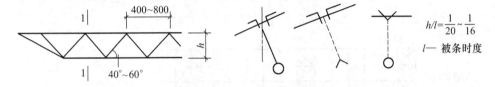

$h/l = \frac{1}{20} \sim \frac{1}{16}$

l—— 檩条跨度

图 8 – 11　平面桁架式檩条

空间桁架式檩条,常采用角钢、槽钢、H 型钢和钢管材料制作,如图 8 – 12 所示。

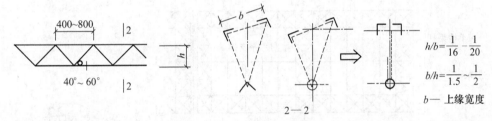

$h/b = \frac{1}{16} - \frac{1}{20}$

$b/h = \frac{1}{1.5} \sim \frac{1}{2}$

b—— 上缘宽度

图 8 – 12　空间桁架式檩条

8.3.3　天窗架

天窗的类型由工艺和建筑要求决定,一般有四种:纵向上承式矩形天窗、纵向三角形天窗、横向下沉式天窗和井式天窗。三角形天窗一般利用陡坡屋架的一侧上弦延长作为天窗架,有时也有单独的天窗架。下沉式和井式天窗则是利用屋架的空间,将屋面构建分别间隔地放置在屋架的上弦和下弦,形成天窗,无单独天窗构件。

(1)多竖杆式天窗架,由支承在屋架节点上的竖杆、上弦杆以及斜腹杆组成。

(2)三支点式天窗架,由支承在屋架脊上和两侧柱的桁架组成。

(3)三铰拱式天窗架,通常用于钢筋混凝土屋架上,跨度为 6 ~ 9 m。

天窗架常采用钢结构。它由角钢、槽钢、T 型钢和 H 型钢组成。

天窗架有门形、M 型、三角形等多种类型,它与屋面、天窗等形成建筑的天窗做法。

8.3.4　钢屋盖支撑系统

为保证屋盖结构的空间工作,提高其整体刚度,承担和传递水平力,避免压杆侧向失稳,防止拉杆产生过大振动,保证结构在安装时的稳定等,应根据屋盖结构形式(有无檩条、有无托架)、厂房内吊车的设置情况、有无振动设备以及房屋的跨度和高度等因素,设置可靠的钢屋盖支撑系统。它包括横向支撑、纵向支撑、垂直支撑和系杆,如图 8 – 13 所示。

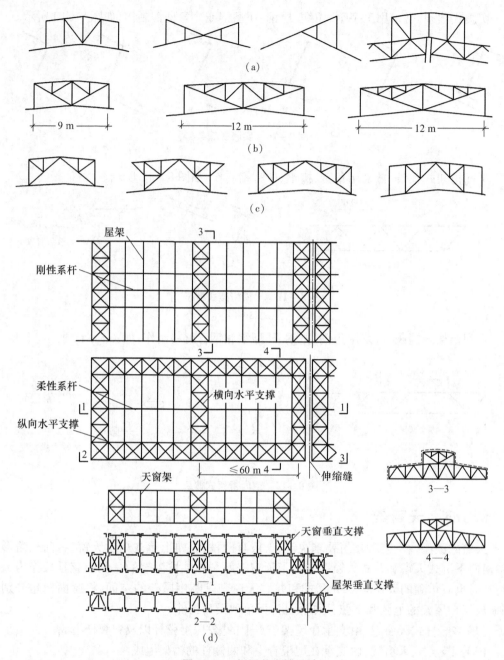

图 8 − 13　钢屋盖支撑系统

8.3.5　钢结构框架柱及柱间支撑

柱网布置应满足生产工艺、建筑功能以及结构的要求,尽可能减少用钢量。在一般厂房内,当吊车起重量 $Q \leqslant 100$ t、轨顶标高不超过 14 m 时,边柱宜采用 4 m 柱距,中列柱可采用 6 m 或 12 m 柱距;当吊车起重量 $Q \geqslant 125$ t、轨顶标高超过 16 m 时,或因地基条件较差,处理较困难时,其边列柱或中列柱的柱距宜采用 12 m。生产工艺有特殊要求时,可按需要采用更大柱距。

1. 温度伸缩缝

温度变化将使结构产生应力。当厂房平面尺寸很大时,为避免温度应力,应在厂房横向或纵向设置伸缩缝。

温度伸缩缝一般采用设置双柱的办法处理。两相邻柱中心线距离取决于柱脚外形尺寸和两相邻柱脚间的净空尺寸(不小于 40 mm)的要求,设计时可按下列数值参考采用:中、轻型厂房 $e = 1\,500$ mm 或 $2\,000$ mm。

2. 柱子的截面形式

框架柱按截面形式可分为实腹式柱和结构式柱两种;按结构形式可分为等截面住、阶形柱和分离式柱三种。

8.3.6 钢柱的类型

实腹式柱常采用钢板焊接或采用 H 型钢角钢、槽钢等钢材焊接。

格构式柱可采用钢板焊接,也可选用钢管、H 型钢、角钢、槽钢等钢材焊接,如图 8 - 14 所示。

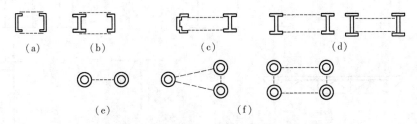

(a)　　　(b)　　　　(c)　　　　　(d)

(e)　　　　　　(f)

图 8 - 14　钢柱的类型

8.3.7 阶形柱、分离式柱形式与吊车梁系统

吊车梁系统的结构通常由吊车梁(桁架)、制动结构、辅助桁架及支撑等构件组成,如图 8 - 15 和图 8 - 16 所示。

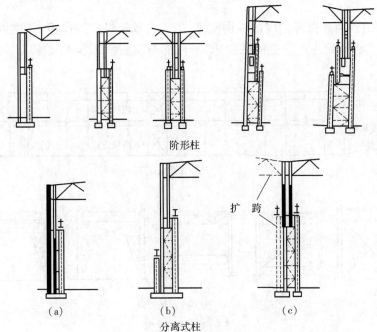

阶形柱

扩 跨

(a)　　　　　(b)　　　　　(c)

分离式柱

图 8 - 15　吊车梁系统

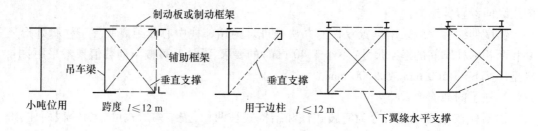

图 8 – 16　吊车梁系统的结构组成简图

8.3.8　吊车梁与柱间支撑

吊车梁与吊车桁架的类型如图 8 – 17 所示。

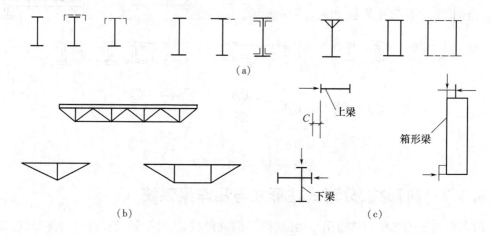

图 8 – 17　吊车梁与吊车桁架的类型图

柱间支撑的作用是保证房屋的纵向刚度,传递与承受纵向的作用,并提供框架平面外的支承。其布置应满足生产净空间的要求,尽可能与屋盖横向水平支撑的布置相协调,如图 8 – 18 所示。

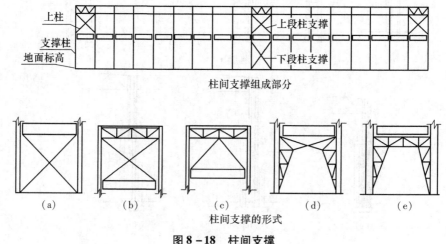

图 8 – 18　柱间支撑

(a)(d)(e)下段柱支撑;(b)(c)上柱支撑

第9章 多、高层钢结构施工图的识读

教学目的

1. 熟悉多、高层钢结构施工图的图纸组成。
2. 掌握多、高层钢结构施工图的识读方法和步骤。
3. 能够按要求绘制部分多、高层钢结构施工图。

任务分析

在本项目当中,以实际多、高层钢结构施工图为例,了解多、高层钢结构施工图所包含的主要内容,掌握多、高层钢结构施工图的识读方法,并有针对性地练习部分施工图的绘制。

9.1 多、高层钢结构施工图的图纸组成

通常情况下,一套完整的多、高层钢结构施工图包括:结构设计说明、基础平面布置图及其详图、柱子平面布置图、各层结构平面布置图、各横轴竖向支撑立面布置图、各纵轴竖向支撑立面布置图、梁柱截面选用表、梁柱截面选用表、梁柱节点详图、梁节点详图、柱脚节点详图和支撑节点详图等。

在实际的工程中,以上图纸内容可以根据工程的繁简程度,将某几项内容合并在一张图纸上或将某一项内容拆分成几张图纸。例如:对于基础类型较多的工程,其基础详图往往单列一张图纸,不与基础平面布置图合在一张图纸上;梁柱截面选用表,在构件截面类型不是很多时,可在各层结构平面布置图中一并标出;对于小型工程,还可以将各构件的节点详图合并在一张图纸上表达。

在多层钢结构施工图中,由于其柱子往往采用组合柱子,构造较为复杂,所以需要单独出一张柱子设计图用来表达其详细的构造做法。对于高层钢框架结构,若有结构转换层,还需将结构转换层的信息用图纸表达清楚。

在多、高层钢结构的施工详图中,往往还需要有各层梁构件的详图、各种支撑的构件详图、各种柱的构件详图以及某些构件的现场拼装图。

9.2 多、高层钢结构施工图的识读方法

为了更好地帮助大家学习,本章加入了一套简单的高层钢结构施工图,以便大家掌握识读钢结构施工图的方法,包括:设计说明、地下室柱脚及钢柱脚平面布置图、地上部分柱子平面布置图、首次结构平面布置图、二层结构平面布置图、七层结构平面布置图、①轴竖向支撑里面布置图、柱子设计图、柱梁截面选用表框架柱铰接节点及连接件选用表、柱脚节点详图等。

9.2.1 设计说明

多、高层钢结构的结构设计说明,往往根据工程的繁简情况不同,说明中所列的条文也不尽相同。本工程较为简单,因此结构设计说明的内容也比较简单,但是本工程结构设计说明中所列条文都是钢框架结构工程中所必须涉及的内容。主要包括:设计依据,设计荷载,材料要求,构件制作、运输、安装要求,施工验收,后面图中相关图例的规定,主要构件材料表等。

9.2.2 结构平面布置图

结构平面布置图是确定建筑物各构件在建筑平面上的位置图,具体绘制内容主要有:

(1)根据建筑物的宽度和长度,绘出柱网平面图。

(2)用粗实线绘出建筑物的外轮廓线及柱的位置和截面示意。

(3)用粗实线绘出梁及各构件的平面位置,并标注构件定位尺寸。

(4)在平面图的适当位置处标注所需的剖面,以反映结构楼板、梁等不同构件的竖向标高关系。

(5)在平面图上对梁构件编号。

(6)表示出楼梯间、结构留洞等的位置。对于结构平面布置图的绘制数量,与确定绘制建筑平面图的数量原则相似,只要各层结构平面布置相同,可以只画某一层的平面布置图来表达这相同各层的结构平面布置图。

在对某一层结构平面布置图详细识读时,往往采取如下的步骤:

(1)明确本层梁的信息。前面提到结构平面布置图是在柱网平面上绘制出来的,而在识读结构平面布置图之前,已经识读了柱子平面布置图,所以在此图上的识读重点首先就落到了梁上。这里提到的梁的信息主要包括梁的类型数、各类梁的截面形式、梁的跨度、梁的标高以及梁柱的连接形式等信息。

(2)掌握其他构件的布置情况。这里其他构件主要是指梁之间的水平支撑、隔撑以及楼板层的布置。水平支撑和隔撑并不是所有的工程中都有,如果有也将在结构平面布置图中一起表示出来;楼板层的布置主要是指采用钢筋混凝土楼板时,应将钢筋的布置方案在平面图中表示出来,有时也会将板的布置方案单列一张图纸。

(3)查找图中的洞口位置。楼板层中的洞口主要包括楼梯间和配合设备管道安装的洞口,在平面图中主要明确它们的位置和尺寸大小。

9.2.3 节点详图

节点详图在设计阶段应表示清楚各构件间的相互连接关系及其构造特点,节点上应标明整个结构物的相关位置,即应标出轴线编号、相关尺寸、主要控制标高、构件编号和截面规格、节点板厚度及加劲肋做法。构件与节点板采用焊接连接时,应标明焊脚尺寸及焊缝符号。构件采用螺栓连接时,应标明螺栓种类、直径、数量。

本套图纸共有两张节点详图,绝大多数的节点详图是用来表达梁与梁之间各种连接、梁与柱子的各种连接和柱脚的各种做法。往往采用 2~3 个投影方向的断面图来表达节点的构造做法。对于节点详图的识读,首先要判断清楚该详图对应于整体结构的什么位置(可以利用定位轴线或索引符号等);其次判断该连接的连接特点(即两构件之间在何处连接,是铰接连接还是刚接等);最后才是识读图上的标注。

9.3　高层钢结构施工图示例

9.3.1　设计总说明

本工程示例除遵照本章总说明有关条文外,特作以下说明:

1. 工程概况

本工程建筑高度为 41 m,地上 10 层,结构体系为钢框架—支撑结构体系;地下 2 层,结构体系为钢筋混凝土 – 钢骨混凝土结构体系。

本设计为钢结构设计图,施工前应根据本设计图编制钢结构施工详图。

2. 设计自然条件

(1)建筑物室内地面标高 0 m 相当于绝对标高 45.00 m,平面位置见总图。

(2)本地区抗震设防烈度为 8 度,建筑抗震类别为乙类,地震作用按 8 度计算,抗震措施按 9 度设计。剪力墙抗震等级为一级;框架抗震等级为一级。

地下 2 层 1~9 轴,按 5 级人防工程设计。

(3)本工程场地类型属中软场地土;建筑场地类别为 Ⅲ 类,无液化。

(4)建筑结构安全等级为一级;基础设计等级为甲级;结构使用年限为 100 年。

(5)基本风压值:0.45 kN/m²。地面粗糙度类别:C 级。基本雪压:0.45 kN/m²。

(6)场地标准冻土深度 0.80 m。场地地下水最高水位为 41.00 m。抗浮设计水位为 37.50 m。

地下水对混凝土有弱腐蚀性(依据:本工程设防水位咨询报告——2001 水 031)。

(7)本工程活荷载标准值(除特殊者外):

±0.00 m 楼板	4.0 kN/m²	卫生间	2.0 kN/m²
厨房	2.0 kN/m²	走廊、楼梯、阳台	2.5 kN/m
消防车道	15.0 kN/m²	电梯机房	7.0 kN/m²
地下车库	4.0 kN/m²	空调机房	7.0 kN/m²
车道	4.0 kN/m²	办公室楼面	2.0 kN/m²
病房	2.0 kN/m²	标准楼面	2.0 kN/m²
上人屋面	2.0 kN/m²	设备楼层面	2.0 kN/m²
不上人屋面	0.7 kN/m²	大型设备按实际荷载值取用	

3. 选用的钢材和连接材料

(1)16 mm <板厚 <50 mm 的钢板及热轧型钢;板厚大于等于 50 mm 的钢板:Q345GJZ_C 级钢。

a. 其力学性能及碳、硫、磷、锰、硅含量的合格保证必须符合 GB/T 1591—14。其强屈比不得小于 1.2,伸长率应大于 20%,有良好的可焊性及明显的屈服台阶,钢材的屈服点不宜超过其标准值的 10%。

b. 板厚等于或大于 50 mm 时,为防止层状撕裂,要求板厚方向断面收缩率不小于 GB 5313—85 中的 Z15 级规定的容许值。

c. 梁与柱刚性连接时,梁翼缘与柱翼缘间采用全熔透坡口焊缝,且应检查 V 型切口的击韧性在 -20 ℃时不低于 27 J。

（2）楼板钢承板采用组合楼盖。压型钢板采用闭口槽型镀铝锌压型钢板。（参照"劲扣"钢承板 DB – 65 标准选用）厚度 0.91 mm，肋高 65 mm，肋间距 185 mm，成型板有效覆盖宽度 555 mm，转动惯性矩 95 cm^4/m 以上。

（3）高强度螺栓：采用 10.9 级高强度螺栓摩擦型连接。

（4）普通螺栓：C 级螺栓，其性能等级为 4.6 级。

（5）锚栓：采用 Q235 钢。

（6）栓钉：采用圆柱头钉；其技术条件须符合 GB 10433—89 的规定。

（7）手工焊接用焊条：

a. 手工焊接用焊条：

符合标准　Q235 钢：GB 5117—95；Q345 钢：GB 5118—95。

焊条型号　Q235 钢：E4300—E4313；Q345 钢：E5001—E5014。

b. 埋弧自动焊或半自动焊用的钢丝扣焊剂（注：焊丝和焊剂应与主体金属强度相适应）：

焊丝应符合的标准　GB/T 14957—94——融化焊用钢丝。

焊剂应符合标准　GB/T 5293—85——碳素钢埋弧焊用剂或 GB/T 1247090——低合金钢埋弧焊用剂。

焊丝的药剂型号　Q235 钢：H08，H08A，H08E 焊丝配合中锰型焊剂；或 H08Mn，H08MnA 配合无锰或低锰型焊剂。

Q345 钢：H08A，H08E 配合高猛型焊剂；或 H08Mn，H08MnA 配合中锰或高猛型焊剂；或 H10Mn2 配合无锰或低锰型焊剂。

c. 融嘴电渣及所用的焊丝 Q235 钢：H08MnA；Q345 钢：H08MnMoA。

（8）油漆：

底漆——环氧富锌底漆；

中漆——云铁氯化橡胶；

面漆——氯化橡胶丙烯酸磁漆。

4. 钢结构制造安装和构建连接

（1）制造

①焊接钢柱、钢梁、钢支撑钢骨混凝土中的钢构件均应在工厂采用埋弧焊自动焊焊接成型，施焊前应进行工艺评定证明施焊工艺符合 GB 986—88 的有关规定。

②钢梁预留孔洞，按照设计图纸所示尺寸、位置在工厂制孔，并按设计要求进行补强。在工地安装时，未经设计允许，不得以任何方法制孔。

③型钢混凝土柱与型钢混凝土梁连接的穿筋孔，均应在工厂制孔，不得在工地制孔。

④不允许在施工现场临时加焊板件，不允许用气焊扩孔。

⑤梁消能段的腹板不得加焊贴板，也不得开洞。

⑥型钢混凝土柱、框架梁及次梁详图中，指定部位所设抗剪焊钉，必须在浇筑混凝土前施焊，并需认真进行质量检查，不合格者补焊。

⑦所有构件均应铣两端，并与柱、梁轴线标准角度。

⑧高强度螺栓应在车间钻孔，孔径比螺栓公称直径大 1.5 mm，孔壁表面粗糙度不应大于 25 μm，所有钢结构制作以前，需足尺放样，核对无误后方可下料制造。板材气割或机械剪切下料后，应进行边缘加工，其抛削量不应小于 2 mm。

⑨对于跨度较大的梁，应按有关要求进行起拱。对于起拱的构件，应在其顶部标注清

楚,以免安装时出错。

（2）构建连接

①钢柱每二至三层为一节,然后在工地拼装,采用全熔透焊接。

②框架梁与框架柱之间的连接采用刚接（特殊除外）。连接时,须预先在工厂进行柱与悬臂钢梁段全熔透坡口焊接,然后,在工地进行梁的拼接,其翼缘为全熔透坡口焊接,而腹板为高强度螺栓摩擦型连接。

③次梁与主梁的连接采用铰接。在工地,一般用高强度螺栓摩擦型连接。

④连接于框架梁、柱上的支撑,其两端部分在工厂与柱和梁焊接,中段部分在工地与两端部分采用高强度螺栓摩擦型拼接。详见支撑节点图。

⑤上下翼缘和腹板的拼接缝应错开,并避免与加劲板重合,腹板拼接与它平行的加劲板至少相距 200 mm,腹板拼缝与上下至少相距 200 mm。对接焊缝应符合 GB 50205—95 规范要求,且不低于一级。

⑥所有钢梁横向加劲板与上翼板连接处,加劲板上端要求刨平顶紧后施焊。

⑦柱脚处柱翼、腹板和加劲板,梁支座支撑板下端要求刨平顶紧后施焊。

⑧板件拼接和熔透焊缝为一级焊缝,角焊缝均为三级。

⑨直角角焊缝的焊缝厚度除图中注明者外,不小于 6 mm,长度均为满焊。

⑩钢梁预留孔洞,按照设计图纸所示尺寸、位置,在工厂制孔,并按设计要求进行。

（3）高强螺栓的链接要求

所有构件连接接触面,经喷砂处理后,起摩擦面的抗滑移系数 Q345 钢为 0.55;在施工前应作抗滑移系数试验。构件的加工、运输、存放需保证摩擦面喷砂效果符合设计要求,安装前需检查合格后,方能进行高强螺栓组装。

（4）焊接检查及检测

①焊接施工单位在施工过程中,必须做好记录,施工结束时,应准备一切必要的资料以备检查。

②焊缝表面缺陷应做成 100% 检查,检查标准按现行国家有关规范进行,焊缝内部缺陷应严格按照《钢结构工程施工质量验收规范》要求进行。所有一级焊缝按超声波 B 级进行 100% 检查。当其他全熔透焊缝有不合格时,应进行全部检查。检查方法遵照 GB 11345—89 及有关的规定和要求进行焊接质量检查。

（5）安装

①楼层标高采用设计标高控制,有柱拼接焊接引起钢柱的收缩变形或其他引起压缩变形,需在构件制作时逐节进行考虑以确定柱的实际长度。

②柱子安装时,每一节柱子的定位轴线不应使用下根柱子的定位轴线,应将地面控制轴线引到高空,以保证每节柱子安装正确无误。

③对于多构件汇交复杂节点,重要安装接头和工地拼装接头,宜在工厂中进行预拼装。

④钢柱柱脚锚栓埋设误差要求;每一柱脚锚栓之间埋设误差需小于 2 mm。

⑤钢结构施工时,宜设置可靠的支护体系,保证结构在各种荷载作用之下结构的稳定性和安全性。

⑥钢构件在运输吊装过程中应采取措施防止过量变形和失稳。

5. 钢结构防锈要求

（1）钢构件出厂前不需要涂漆部位:型钢混凝土中的钢构件;高强度螺栓节点摩擦面;

箱形柱内的封闭区;地脚螺栓和底板;工地焊接部位及两侧100,且要满足超声波探伤要求的范围。但工地焊接部位及两侧应进行不影响焊接的防锈处理。在除锈后刷涂防护保护漆,如环氧富锌底漆,漆膜厚度15 μm。

(2)除上述所列范围以外的钢构件表面,出厂前应除锈后涂防锈漆两道,焊接区除锈后涂专用坡口焊接保护漆两道。

(3)构件安装后需补涂漆部位:

①高强度螺栓未涂漆部分、工地焊接区、经碰撞脱落的工厂油漆部分,均涂防锈底漆一道。

②整个构件涂防锈漆前应严格进行金属表面喷砂防锈处理,除锈等级要求达到 GB 8923—88 中的 Sa2 1/2 等级,涂底漆出厂,底漆为环氧富锌漆两道。面漆涂装时间由施工安装单位协商决定,漆干膜总厚度不小于125 μm。

6. 防火材料

(1)本工程的耐火等级为一级,建筑物各承重构件的耐火极限见表9-1所示。

(2)所用防火材料应满足建筑专业外观设计的有关要求,并通过消防安全部门的认可。

表 9 – 1　建筑物各承重构件的耐火极限

序号	构件名称	耐火极限/h	防火材料类型
1	柱及转换桁架	3.0	厚型防火涂料或防火板材料
2	支撑及钢板剪力墙	2.0	超薄型或薄型防火涂料
3	梁	2.0	超薄型或薄型防火涂料
4	楼板	1.5	组合楼盖自防火
5	楼梯	1.5	超薄型或薄型防火涂料

7. 钢结构构件代号

框架柱	GKZ	框架梁	GKL	桁架	GHJ
非框架柱	GZ	悬臂梁	GXL	剪力墙支撑	JV
框架柱柱脚	GZJ	次梁	GL	支撑	JV

说明:

设计总说明主要介绍高层钢结构的设计意图、主要的设计技术原则及安装加工制作的要求,主要内容一般有:

(1)设计依据。

(2)自然条件:基本风压;基本雪压;地震基本烈度;本设计采用的抗震设防烈度;建筑物安全等级;人防设防等级要求;地基和基础设计依据的工程地质勘察报告、场地土类别、地下水位埋深等。

(3)钢材和连接材料的选用:各部分构件选用的钢材牌号、标准及其性能要求;焊接材料牌号、标准及其性能要求;高强度螺栓连接形式、性能等级;焊接栓钉的钢号、标准及规格;楼板用压型钢板的型号。

(4)制作和安装要求。

(5)钢结构构件的涂装要求。

(6)钢结构构件的防火要求。

(7)其他有关说明。

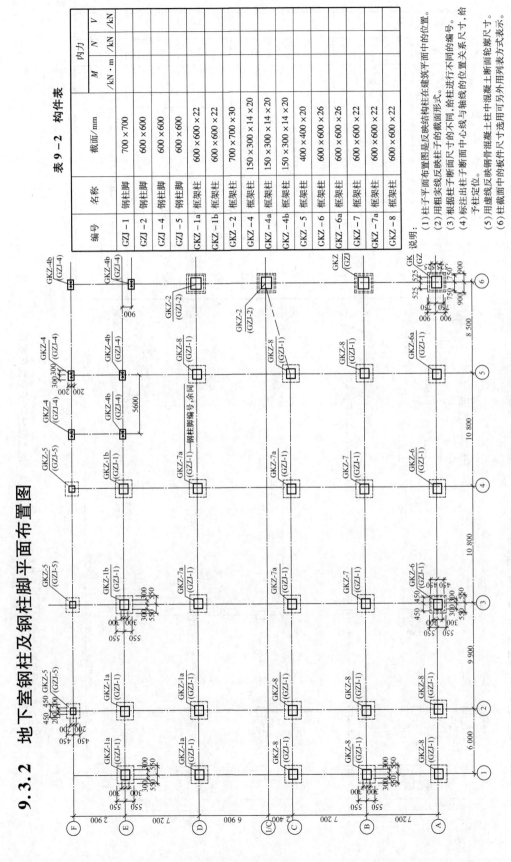

表 9－2 构件表

编号	名称	截面/mm	内力		
			M /kN·m	N /kN	V /kN
GZJ－1	钢柱脚	700×700			
GZJ－2	钢柱脚	600×600			
GZJ－4	钢柱脚	600×600			
GZJ－5	钢柱脚	600×600			
GKZ－1a	框架柱	600×600×22			
GKZ－1b	框架柱	600×600×22			
GKZ－2	框架柱	700×700×30			
GKZ－4	框架柱	150×300×14×20			
GKZ－4a	框架柱	150×300×14×20			
GKZ－4b	框架柱	150×300×14×20			
GKZ－5	框架柱	400×400×20			
GKZ－6	框架柱	600×600×26			
GKZ－6a	框架柱	600×600×26			
GKZ－7	框架柱	600×600×22			
GKZ－7a	框架柱	600×600×22			
GKZ－8	框架柱	600×600×22			

说明：
(1) 柱子平面布置图是反映结构柱在建筑平面中的位置。
(2) 用粗实线反映柱子的截面形式。
(3) 根据柱子断面尺寸的不同，给柱进行不同的编号。
(4) 标注出柱子断面中心线与轴线的位置关系尺寸，给予柱定位。
(5) 用虚线反映钢骨混凝土柱中混凝土柱轮廓尺寸。
(6) 柱截面中的板件尺寸选用可另外用列表方式表示。

9.3.2 地下室钢柱及钢柱脚平面布置图

图 9－1 地下室钢柱及钢柱脚平面布置图

9.3.3 地上部分柱子平面布置图

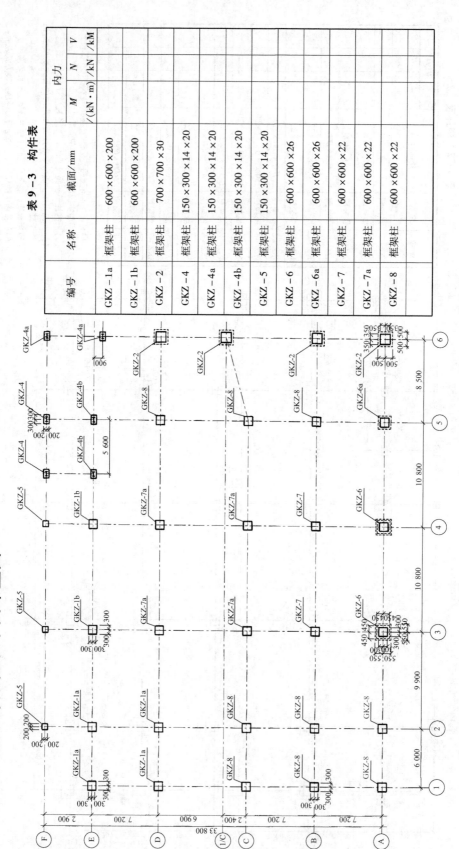

表 9 - 3　构件表

编号	名称	截面/mm	内力		
			M /(kN·m)	N /kN	V /kM
GKZ - 1a	框架柱	600×600×200			
GKZ - 1b	框架柱	600×600×200			
GKZ - 2	框架柱	700×700×30			
GKZ - 4	框架柱	150×300×14×20			
GKZ - 4a	框架柱	150×300×14×20			
GKZ - 4b	框架柱	150×300×14×20			
GKZ - 5	框架柱	150×300×14×20			
GKZ - 6	框架柱	600×600×26			
GKZ - 6a	框架柱	600×600×26			
GKZ - 7	框架柱	600×600×22			
GKZ - 7a	框架柱	600×600×22			
GKZ - 8	框架柱	600×600×22			

图 9 - 2　地上部分柱子平面布置图

9.3.4　首层结构平面布置图

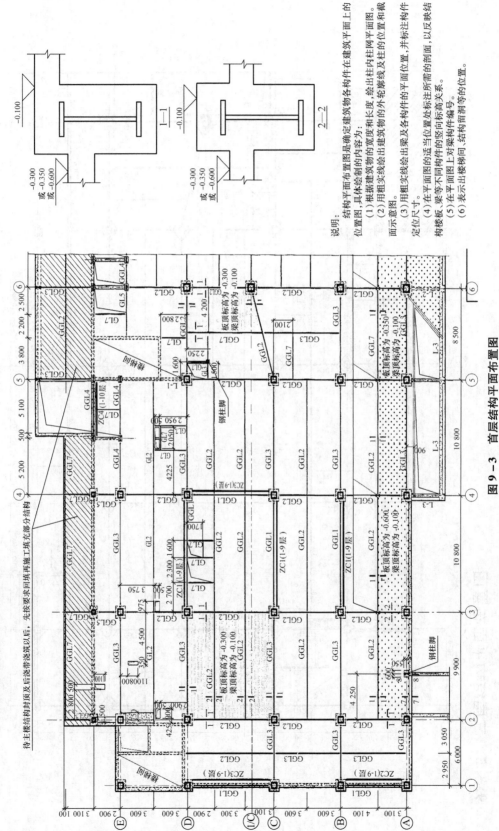

说明：

结构平面布置图是确定建筑物各构件在建筑平面上的位置关系，具体绘制的内容为：

(1) 根据建筑物的宽度和长度，绘出柱内柱网平面图。

(2) 用相实线绘出建筑物的外轮廓线及柱的位置和截面示意图。

(3) 用相实线绘出梁及各构件的平面位置，并标注构件定位尺寸。

(4) 在平面图的适当位置处标注所需的剖面，以反映结构楼板、梁等不同构件的竖向标高。

(5) 在平面图上对梁构件的竖向标注编号。

(6) 表示出楼梯间、结构留洞等的位置。

图 9-3　首层结构平面布置图

9.3.5　二层结构平面布置图

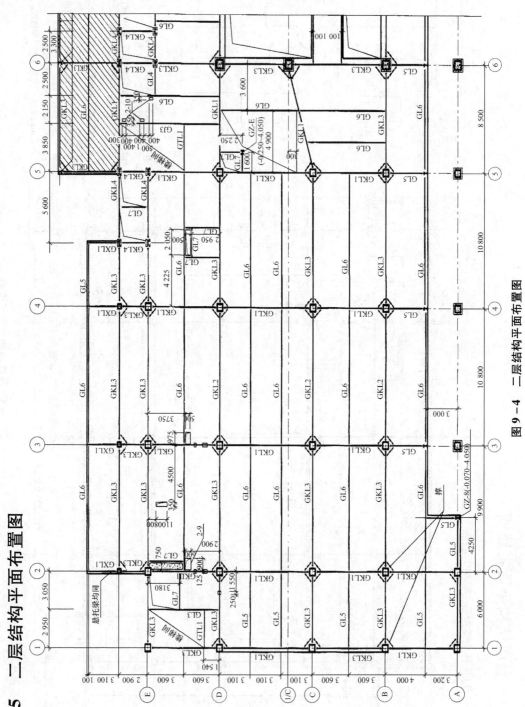

图 9 - 4　二层结构平面布置图

9.3.6　七层结构平面布置图

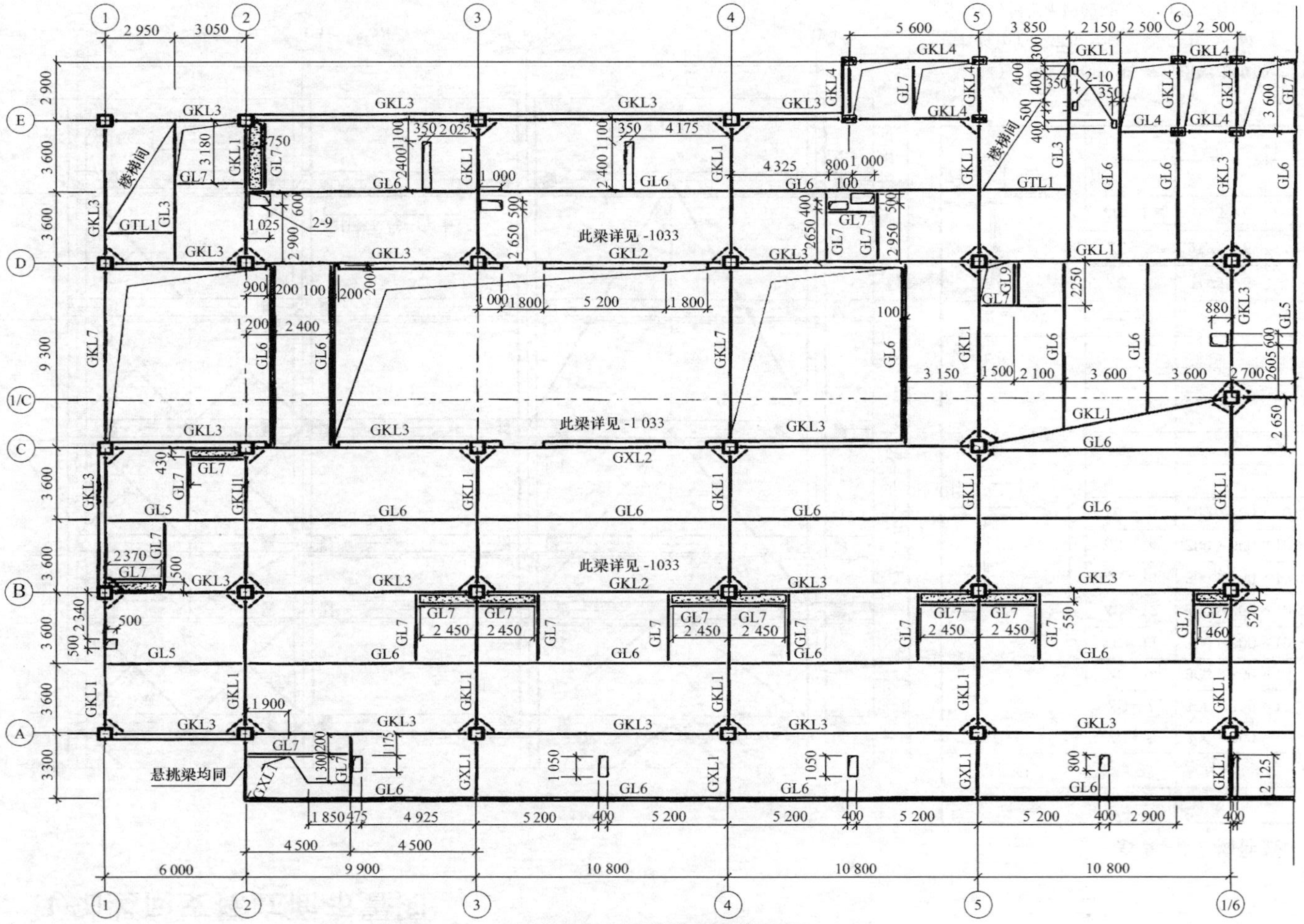

图 9-5　七层结构平面布置图

表9-4　构件表

载面形式	编号	H×B×Tw×T	备注
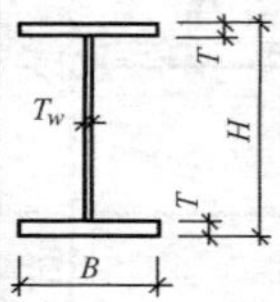	ZC-5	300×300×10×22	焊接H型钢
	ZC-7	300×300×10×22	焊接H型钢
	ZC-9	300×300×10×22	焊接H型钢
	ZC-11	300×300×10×22	焊接H型钢
	ZC-12	300×300×10×22	焊接H型钢
	ZC-13	300×300×10×22	焊接H型钢
	ZC-14	300×300×10×22	焊接H型钢
	ZC-15	300×300×10×22	焊接H型钢

载面形式	编号	型号	a	备注
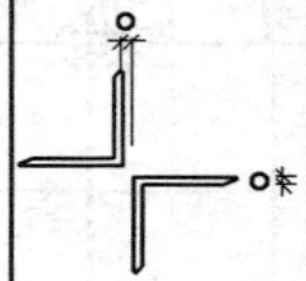	ZC-6	2L75×6	6	热轧角钢
	ZC-8	2L75×6	6	热轧角钢
	ZC-10	2L75×6	6	热轧角钢

说明：
（1）在框架里面图中，表示出钢支撑的立面布置形式与支撑杆件中心线定位尺寸。
（2）根据不同的层高，编注钢支撑构件型号。
（3）引出节点详图的编号索引。

9.3.7　①轴竖向支撑立面布置图

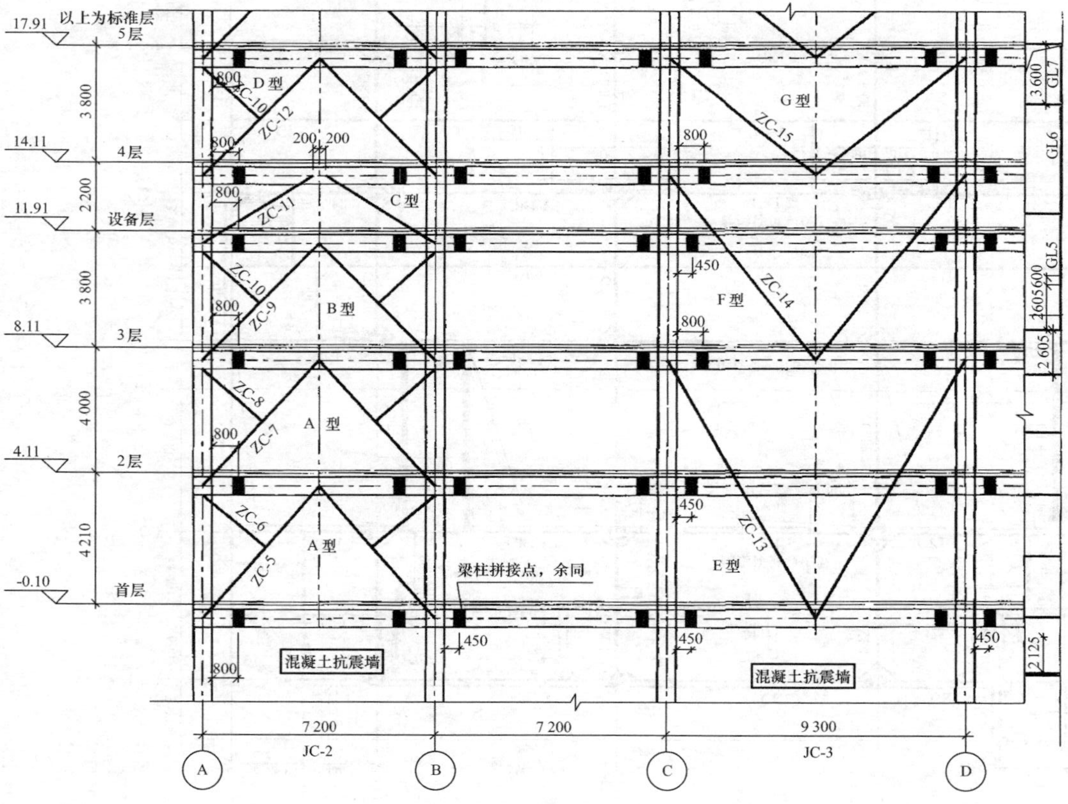

图9-6　①轴竖向支撑立面布置图

9.3.8 沿房屋纵向竖向支撑立面布置图

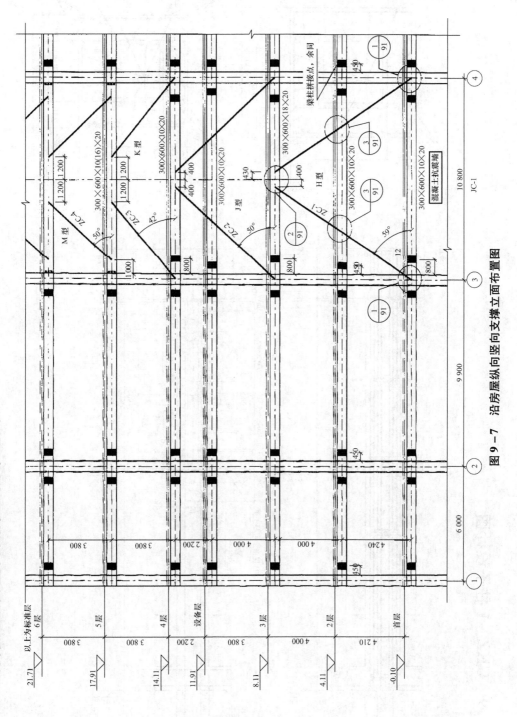

图9-7 沿房屋纵向竖向支撑立面布置图

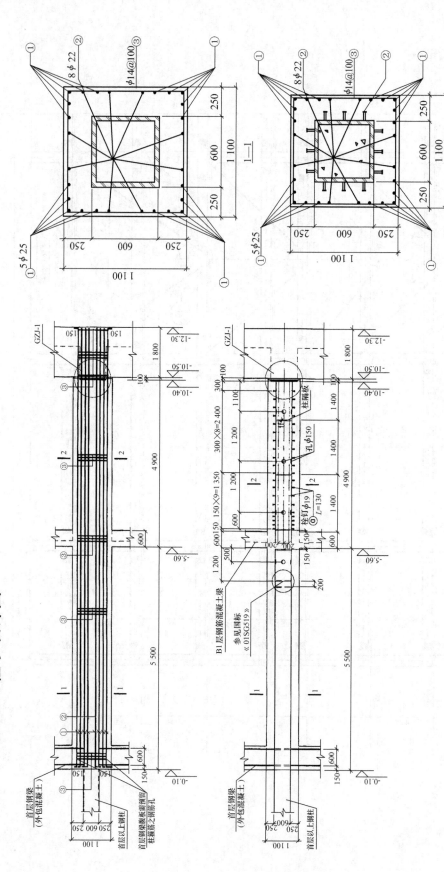

9.3.9　GKZ－1 柱子设计图

图 9－8　GKZ－1 柱子设计图

9.3.10　柱梁截面选用表

表 9－5　柱截面选用表

柱截面	尾号(结构板面标高) / 参数	bhnhxt	B×H	备注
	屋面1(41.120) ▽		GKZ1,8	
	十层(36.910) ▽			
	九层(33.110) ▽			
	八层(29.310) ▽	600×600×22		钢柱
	七层(25.510) ▽			
	六层(21.710) ▽			
	五层(17.910) ▽	600×500×26		
	四层(14.110) ▽			
	设备层(11.910) ▽			
	三层(8.110) ▽			
	二层(4.110) ▽	600×600×30	1100×1100	外包混凝土钢柱
	一层(-0.100) ▽			
	地下一层(-5.600) ▽		1100×1100	钢骨砼柱
	地下二层(-10.500)(基础梁面标高)			

表 9－6　钢骨梁截面选用表

编号	b	h	H×B×T_w×T	纵筋	01	02	备注
GGL1S	500	850	588×300×12×20	8φ20	100	100	
GGL2	500	850	582×300×12×17	8φ20	100	100	
GGL3	400	850	600×200×11×17	8φ20	100	100	
GGL4	350	550	300×150×6.5×9	8φ20	100	100	
GGL5	350	850	600×150×10×16	8φ20	100	100	
GGL6	700	850	582×300×12×17	10φ20	200	200	
GGL7	400	850	596×199×10×15	8φ20	100	100	

截面形式：4φ22　当 h>500　××××表示钢骨梁

表 9－7　钢梁截面选用表

编号	H×B×T_w×T	备注
GKL1　GL1	588×300×12×20	热轧 GB/T 11263—98
GKL2	600×300×18×20	焊接 H 型钢
GKL3　GL3	600×200×11×17	热轧 GB/T 11263—98
GKL4　GL4	300×150×6.5×9	热轧 GB/T 11263—98
GKL5　GL5	350×175×7×11	热轧 GB/T 11263—98
GKL6	600×150×10×16	焊接 H 型钢
GL2	582×300×12×17	热轧 GB/T 11263—98
CXL1　GL6	596×199×10×15	热轧 GB/T 11263—98
GL7	194×150×6×9	热轧 GB/T 11263—98

说明：

(1)设计图阶段钢结构构件的截面一般采用列表的方式表示。

(2)柱构件截面表应表示横向为柱构件编号,表的竖向为楼层数,表的竖向沿竖向单元沿竖向的分段起止标高,并表示出钢结构柱件截面高度变化的划分,并表示钢结构柱件截面壁厚改变的位置及标高。

(3)梁构件截面表的横向分别为梁件编号、截面尺寸和备注需要说明的问题。

9.3.11　框架梁柱刚接节点及连接件选用表

表 9 - 8　构件表

框架梁截面 $H \times B \times T_w \times T_f$	d	拼接点距梁端距离 LS/mm	A 型连接中 连接板一侧的连接螺栓	A 型连接中 连接板尺寸	B 型连接中 连接板一侧的连接螺栓	B 型连接中 连接板尺寸
588×300×12×20	130	见详图	10 – M22	2 – 355 ×420×8		
600×300×18×20	130		10 – M22	2 – 355 × 420×14		
582×300×12×17	130		10 – M22	2 – 355 × 420×8		
600×200×11×17	130		10 – M22	2 – 355 × 420×8		
596×199×10×15	130		10 – M22	2 – 355 × 420×8		
300×150×6.5×9	110		8 – M22	2 – 355 × 420×6	2 – M22	2 – 205 × 180 ×6
600×150×10×16	130		10 – M22	2 – 355 × 420×8		

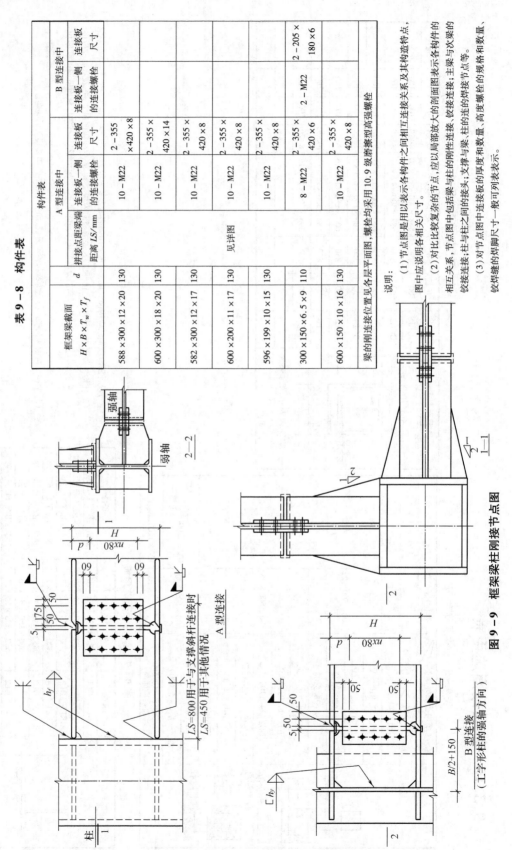

图 9 - 9　框架梁柱刚接节点图

说明：

（1）节点图是用以表示各构件之间相互连接关系及其构造特点，图中应说明各相关尺寸。

（2）对比较复杂的节点，应以局部放大的剖面图表示各构件的相互关系。节点图中包括梁与柱的刚性连接、铰接连接；主梁与次梁的铰接连接；柱与柱之间的接头；支撑与梁的连接的焊接节点等。

（3）对节点图中连接板的厚度和数量、高度螺栓的规格和数量、铰焊缝的焊脚尺寸一般可列表表示。

梁的刚接连接位置见各层平面图，螺栓均采用 10.9 级摩擦型高强螺栓。

9.3.12 框架梁柱铰接节点及连接件选用表

表 9 - 9 构件表

构件表

C 型连接

序号	次梁截面 $H \times B \times T_w \times T_f$	d	连接板一侧的连接螺栓	支承板厚	角焊缝的焊脚尺寸	连接板数量尺寸及尺寸	备注
1	588×300×12×20	110	6-M20	12	8	2-190×465×8	
2	582×300×12×17	110	6-M20	12	8	2-190×65×8	
3	600×200×11×17	110	6-M20	12	8	2-190×465×8	
4	596×199×10×15	110	6-M20	10	6	2-190×465×8	
5	300×150×6.5×9	75	3-M20	8	6	2-190×240×8	
6	600×150×10×16	110	6-M20	12	8	2-190×465×8	
7	350×175×7×11	100	3-M20	8	8	2-190×240×6	
8	194×150×6×9	75	3-M20	6	4	2-190×165×6	

D 型连接

序号	次梁截面 $H \times B \times T_w \times T_f$	d	连接板一侧的连接螺栓	角焊缝的焊脚尺寸	连接板数量尺寸及尺寸
1	588×300×12×20	110	6-M20	8	2-100×465×8
2	582×300×12×17	110	6-M20	8	2-100×465×8
3	600×200×11×17	110	6-M20	8	2-100×465×8
4	596×199×10×15	110	6-M20	6	2-100×465×8
5	300×150×6.5×9	75	3-M20	6	2-100×240×8
6	600×150×10×16	110	6-M20	8	2-100×465×8
7	350×175×7×11	100	3-M20	6	2-100×240×8
8	194×150×6×9	75	2-M20	4	2-100×165×6

注:梁的铰接位置见各层平面图,螺栓均采用 10.9 级摩擦型高强螺栓。

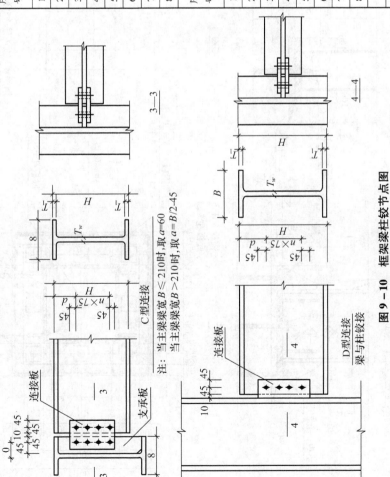

图 9 - 10 框架梁柱铰接节点图

9.3.13　柱脚节点详图

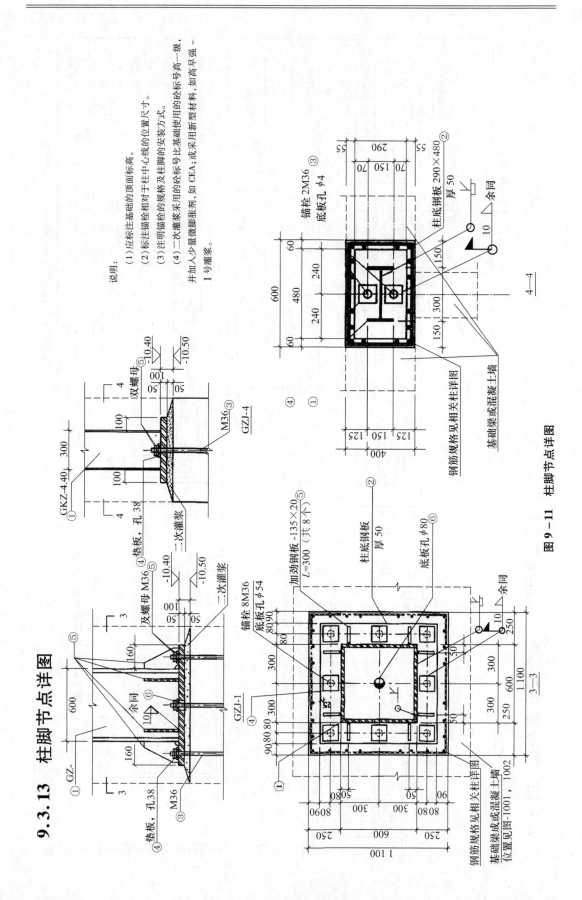

图 9－11　柱脚节点详图

说明：

(1) 应标注基础的顶面标高。

(2) 标注锚栓相对于柱中心线的位置尺寸。

(3) 注明锚栓的规格及柱脚的安装方式。

(4) 二次灌浆采用的砼标号比基础使用的砼标号高一级；或采用微膨胀剂，如 CEA；或采用新型材料，如高早强 I 号灌浆，并加入少量微膨胀剂，如 CEA。

9.3.14 箱型梁和箱型柱的刚性连接节点

说明：

（1）节点图用以表示各构件之间相互连接关系及其构造特点，图中应注明各相关尺寸。

（2）对比较复杂的节点，应以局部方法的剖面图表示各构件的相互关系，节点图中包括梁与柱的刚性连接、铰接连接；主梁与次梁的铰接连接；柱与柱之间的接头；支撑与梁、柱的连接的焊缝等。

（3）对节点图中连接板的厚度和数量、高强度螺栓的规格和数量、角焊缝的焊脚尺寸一般可列表表示。

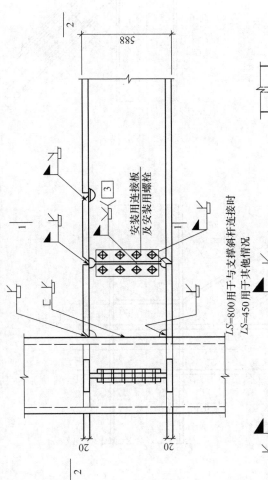

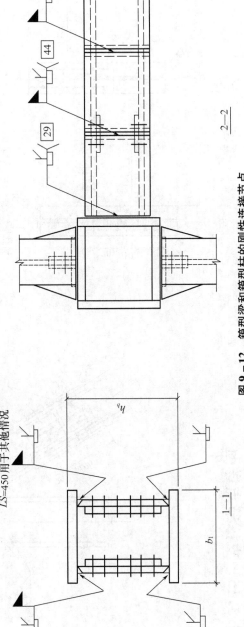

图 9－12 箱型梁和箱型柱的刚性连接节点

9.3.15 支撑节点详图

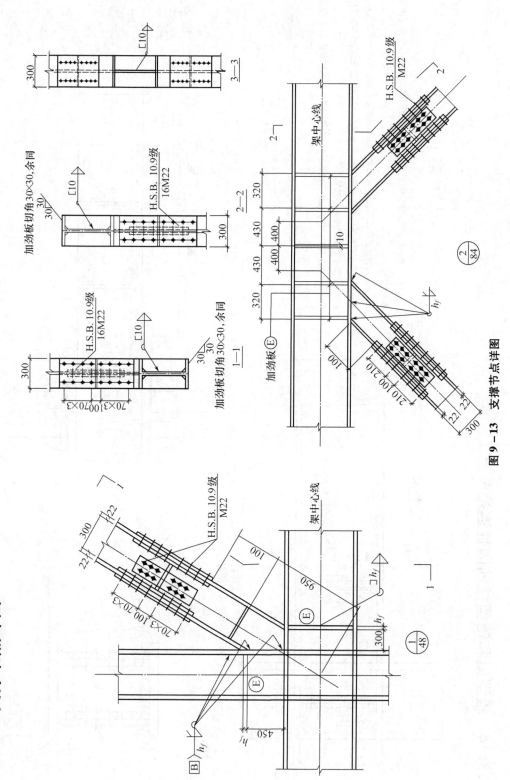

图 9－13　支撑节点详图

第10章 钢结构围护体系施工图的识读

教学目的

1. 熟悉钢结构围护体系的主要材料的性质。
2. 了解钢结构围护体系的施工方法。
3. 掌握钢结构施工图中的钢结构围护体系的识图。

任务分析

与钢结构相配套的围护体系,即外墙和屋顶,大量采用压型钢板,出现了许多新的体系,例如檩条承重体系、无檩条体系、夹芯钢板体系等。其中主要同轻钢结构配套的檩条承重体系占了绝大多数,也是目前在设计中遇到最多的,通过对这种体系的学习,使学生能够掌握维护体系的基本结构形式,能够独立识读比较简单的施工设计图,能够按要求绘制简单的施工设计图。

10.1 压型钢板、夹芯板的特点

10.1.1 压型钢板

压型钢板是指薄钢板经冷压或冷轧成型的钢材。钢板采用有机涂层薄钢板(或称彩色钢板)、镀锌薄钢板、防腐薄钢板(含石棉沥青层)或其他薄钢板等。压型钢板具有单位质量轻、强度高、抗震性能好、施工快速、外形美观等优点,是良好的建筑材料和构件,主要用于围护结构、楼板,也可用于其他构筑物。根据不同使用功能要求,压型钢板可压成波型、双曲波型、肋型、V型、加劲型等。屋面和墙面常用板厚为0.4~1.6 mm;用于承重楼板或筒仓时厚度达2~3 mm或以上。波高一般为10~200 mm不等。当不加劲时,其高厚比宜控制在200以内。当采用通长屋面板,其坡度可采用2%~5%,则挠度不超过 $l/300$(l 为计算跨长)。

压型钢板因原板很薄,防腐涂料的质量直接影响使用寿命,为了适应加工和防锈要求,涂层钢板需按有关规定进行各项检验。一般情况下薄钢板也可根据使用要求,经压型后再涂防锈油漆,或采用不锈钢薄板原板。

压型钢板用作工业厂房屋面板、墙板时,在一般无保温要求的情况下,每平方米用钢量为5~11 kg。有保温要求时,可用矿棉板、玻璃棉、泡沫塑料等作绝热材料。压型钢板与混凝土结合做成组合楼板,可省去木模板并可作为承重结构。同时为加强压型钢板与混凝土的结合力,宜在钢板上预焊栓钉或压制双向加劲肋。

按基板镀层分为以下6类:

1. 镀锌钢板

镀锌钢板按 ASTM 三点测试双面镀层重量为 75~700 g/m,建筑应用中最常用的镀锌钢板为 Z275 和 Z450,其双面镀锌量分别为 275 g/m(钢板单面镀层最小厚度为 19μm)和 450 g/m。

2. 镀铝钢板

建筑用镀铝钢板常见的有以下两种:

(1)用于耐热要求较高的环境:这类镀铝钢板的金属镀层中含有 5% ~ 11% 的硅,合金镀层较薄,每米镀铝层的质量仅为 120 g,单面镀层最小厚度为 20 μm。

(2)用于腐蚀性较强的环境:其金属镀层几乎全部是铝,金属镀层较厚,每米镀层的质量约为 200 g,单面镀层的最小厚度为 31 μm。

3. 镀铝锌钢板(又称亚铅镀金钢板)

(1)是一种双面热浸镀铝锌钢板产品,其钢板基材符合 ASTM A792 GRADE 80 级或 AS1397 G550 级,其抗拉强度为 5 600 kg/cm。金属镀层由 55% 的铝、43.5%(或 43.6%)的锌及 1.5%(或 1.4%)的硅组成。它具备了铝的长期耐腐蚀性和耐热性;锌对切割边及刮痕间隙等的保护作用;而少量的硅则可有效防止铝锌合金化学反应生成碎片,并使合金镀层更均匀。

(2)每米双面镀层三点测试质量为 150 g,165 g,189 g。建筑常用镀铝锌钢板是 AZ150,即每米镀层质量为 150 g,钢板单面镀层的最小厚度为 20 μm。

4. 镀锌铝钢板

是一种含 5% 锌以及铝和混合稀土合金的双面热浸镀层钢板,每米双面镀层三点测试质量为 100 ~ 450 g。

5. 镀锌合金化钢板

是一种将热镀锌钢板进行热处理,使其表面纯锌镀层全部转化为 Zn – Fe 合金层的双面镀锌钢板产品,按现有工艺条件,其转化镀层质量按锌计算,最大为每米 180 g。

6. 电镀锌钢板

是一种纯电镀锌镀层钢板产品,双面镀层最大质量为每米 180 g,一般不用于室外。在建筑屋面(和幕墙)中最为常用的是彩色镀锌钢板和彩色镀铝锌钢板。

10.1.2 保温夹芯板

实际上这是一种保温和隔热与面板一次成型的双层压型钢板。由于保温和隔热芯材的存在,芯材的上下均需要加设钢板,下层为小肋的平板。芯材可以采用聚氨酯、聚苯或岩棉,芯材与上下面板一次成型。也有在上下两层压型钢板间在现场增设玻璃棉保温和隔热层的做法。

10.2 维护体系施工图示例

10.2.1 板材安装说明

板材必须轻拿轻放,板叠从卡车卸下时应十分小心,保证不损坏板叠的端部或边肋,板叠应放置离地面有足够高度以及允许板叠之下的空气流通,这可使板叠避免地面潮湿和人们从上面走过,板叠应当保持一定的倾斜度,下雨时可排水。如图 10 – 1 所示。

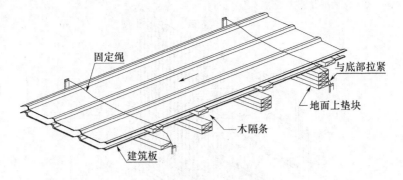

图 10 - 1　板叠的堆放

为了减少屋面板在搬运过程中对涂层的破坏,将屋面板吊至屋面上制作,在板机平台下用承重脚手架加固,杆距控制在 1 m 内,并用剪刀撑加固。如图 10 - 2 所示。

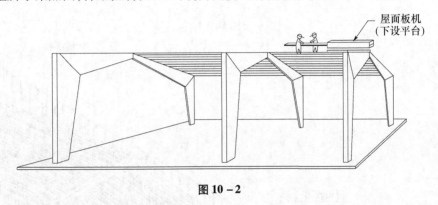

图 10 - 2

屋面板应尽量做到上拉多少,安装多少,当不能及时安装完,剩余的板材应用施工绳板扎,固定与屋面檩条。如图 10 - 3 所示。

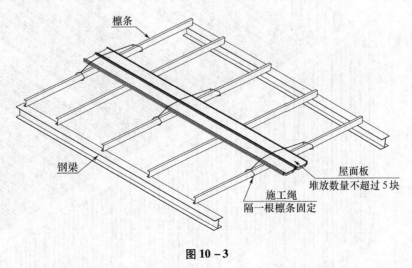

图 10 - 3

墙面板安装在使用施工梯时,梯子上下必须有专人看护,梯子上的施工人员安全带系与墙梁上,施工梯定位后用绳子临时绑扎与墙梁上。如图 10 - 4 所示。

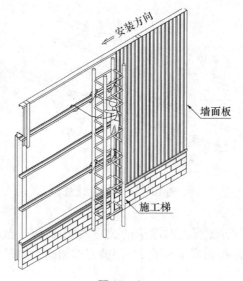

图 10 - 4

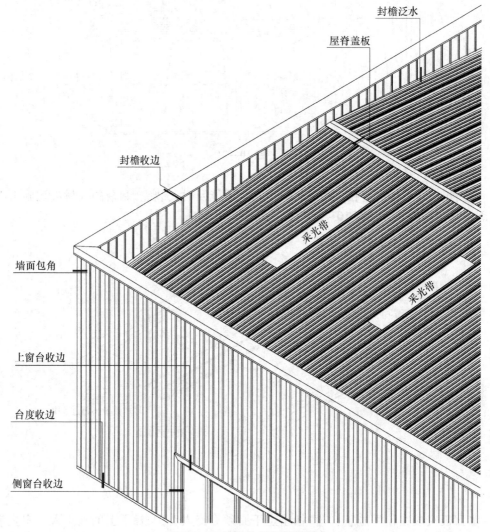

图 10 - 5　维护体系局部透视

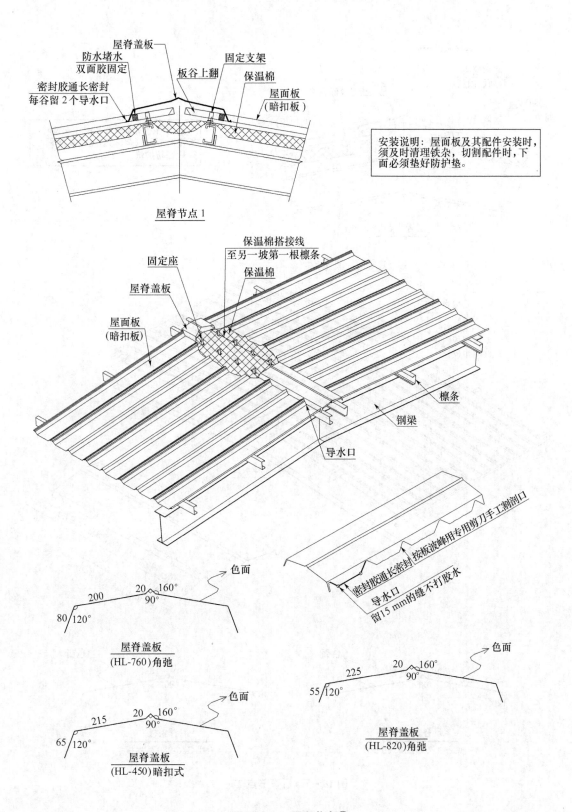

安装说明：屋面板及其配件安装时，须及时清理铁杂，切割配件时，下面必须垫好防护垫。

屋脊节点 1

保温棉搭接线
至另一坡第一根檩条
保温棉
固定座
屋脊盖板
屋面板
（暗扣板）
檩条
钢梁
导水口

密封胶通长密封 按板波峰用专用剪刀手工割剖口
导水口
留15 mm的缝不打胶水

屋脊盖板
双面胶固定
防水堵水
密封胶通长密封
每谷留 2 个导水口
板谷上翻
固定支架
保温棉
屋面板
（暗扣板）

200 20 160°
    90°
80 /120°

屋脊盖板
(HL-760)角弛

色面

215 20 160°
    90°
65 /120°

屋脊盖板
(HL-450)暗扣式

色面

225 20 160°
    90°
55 /120°

屋脊盖板
(HL-820)角弛

色面

图 10 - 6   屋脊节点①

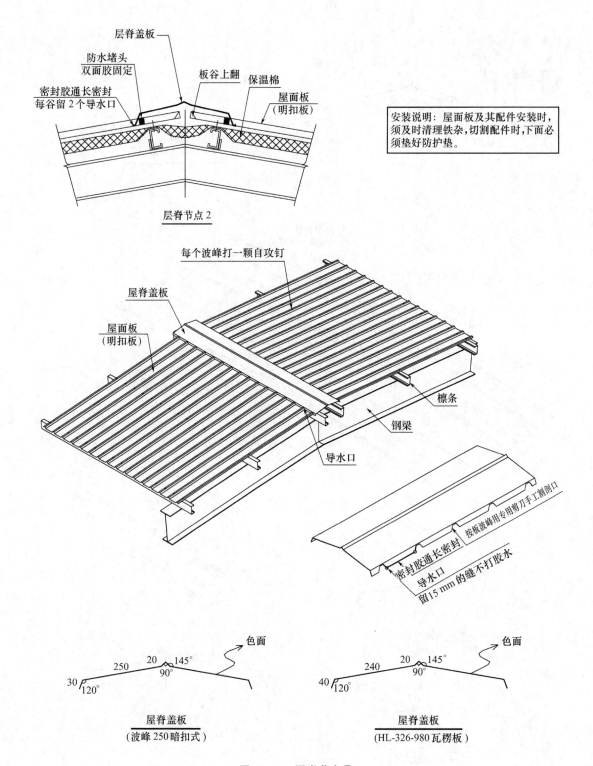

层脊节点 2

安装说明：屋面板及其配件安装时，须及时清理铁杂，切割配件时，下面必须垫好防护垫。

图 10 - 7 屋脊节点②

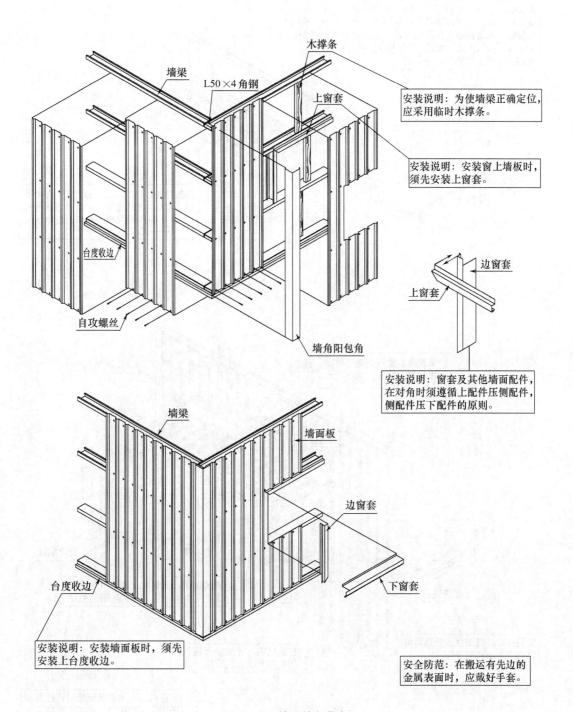

木撑条

墙梁

L50×4角钢

上窗套

安装说明：为使墙梁正确定位，应采用临时木撑条。

安装说明：安装窗上墙板时，须先安装上窗套。

台度收边

边窗套

上窗套

自攻螺丝

墙角阳包角

安装说明：窗套及其他墙面配件，在对角时须遵循上配件压侧配件，侧配件压下配件的原则。

墙梁

墙面板

边窗套

台度收边

下窗套

安装说明：安装墙面板时，须先安装上台度收边。

安全防范：在搬运有先边的金属表面时，应戴好手套。

图 10 - 8　墙面转角节点

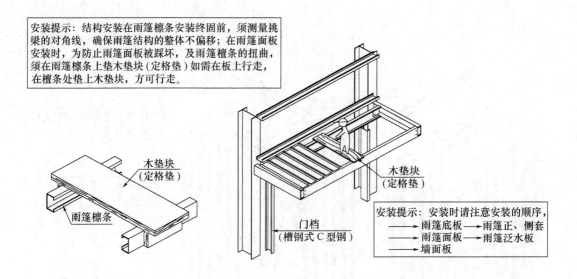

安装提示：结构安装在雨篷檩条安装终固前，须测量挑梁的对角线，确保雨篷结构的整体不偏移；在雨篷面板安装时，为防止雨篷面板被踩坏，及雨篷檩条的扭曲，须在雨篷檩条上垫木垫块（定格垫）如需在板上行走，在檩条处垫上木垫块，方可行走。

木垫块（定格垫）

雨篷檩条

木垫块（定格垫）

门档（槽钢式 C 型钢）

安装提示：安装时请注意安装的顺序，
⟶ 雨篷底板 ⟶ 雨篷正、侧套
⟶ 雨篷面板 ⟶ 雨篷泛水板
⟶ 墙面板

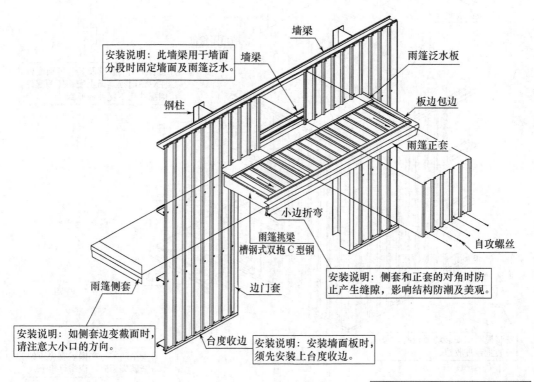

墙梁

安装说明：此墙梁用于墙面分段时固定墙面及雨篷泛水。

墙梁

雨篷泛水板

板边包边

钢柱

雨篷正套

自攻螺丝

小边折弯

雨篷挑梁
槽钢式双抱 C 型钢

安装说明：侧套和正套的对角时防止产生缝隙，影响结构防潮及美观。

雨篷侧套

边门套

安装说明：如侧套边变截面时，请注意大小口的方向。

台度收边

安装说明：安装墙面板时，须先安装上台度收边。

安全防范：在安装雨篷时请注意梯子上、下的固定，施工人员须系安全带。

图 10-9　墙面雨棚节点

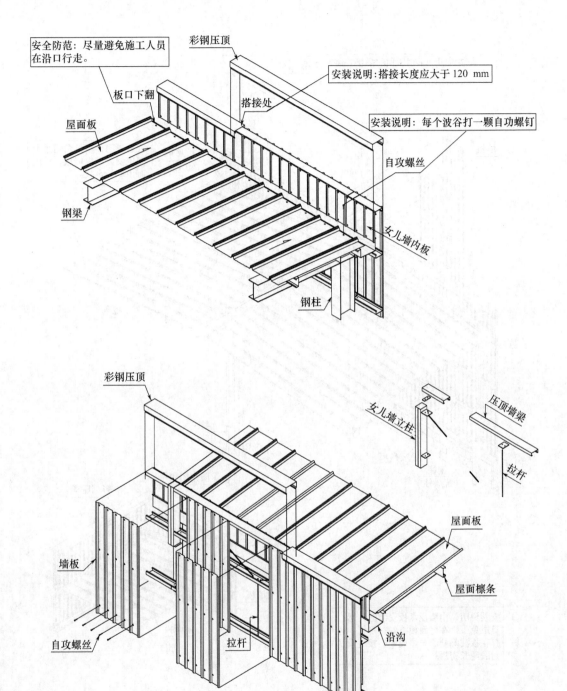

安全防范：尽量避免施工人员在沿口行走。

板口下翻

屋面板

钢梁

彩钢压顶

搭接处

安装说明：搭接长度应大于 120 mm

安装说明：每个波谷打一颗自功螺钉

自攻螺丝

女儿墙内板

钢柱

彩钢压顶

女儿墙立柱

压顶墙梁

拉杆

屋面板

屋面檩条

墙板

拉杆

自攻螺丝

沿沟

安全防范：天沟安装时，请及时开落水管孔，以避免下雨时因排水不畅，导致天沟变形或水倒灌使保温棉受潮。

图 10 - 10　墙面、沿口节点

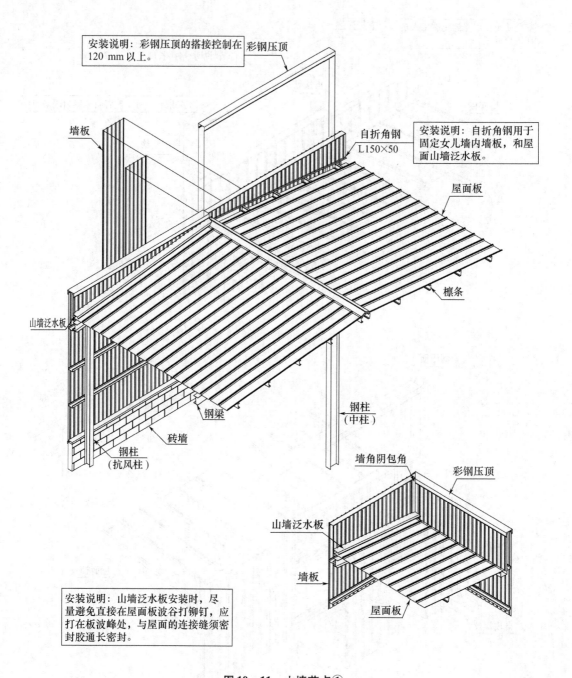

安装说明：彩钢压顶的搭接控制在120 mm以上。

彩钢压顶

墙板

自折角钢
L150×50

安装说明：自折角钢用于固定女儿墙内墙板，和屋面山墙泛水板。

屋面板

檩条

山墙泛水板

钢梁

钢柱
（中柱）

砖墙

钢柱
（抗风柱）

墙角阴包角

彩钢压顶

山墙泛水板

墙板

屋面板

安装说明：山墙泛水板安装时，尽量避免直接在屋面板波谷打铆钉，应打在板波峰处，与屋面的连接缝须密封胶通长密封。

图 10－11　山墙节点①

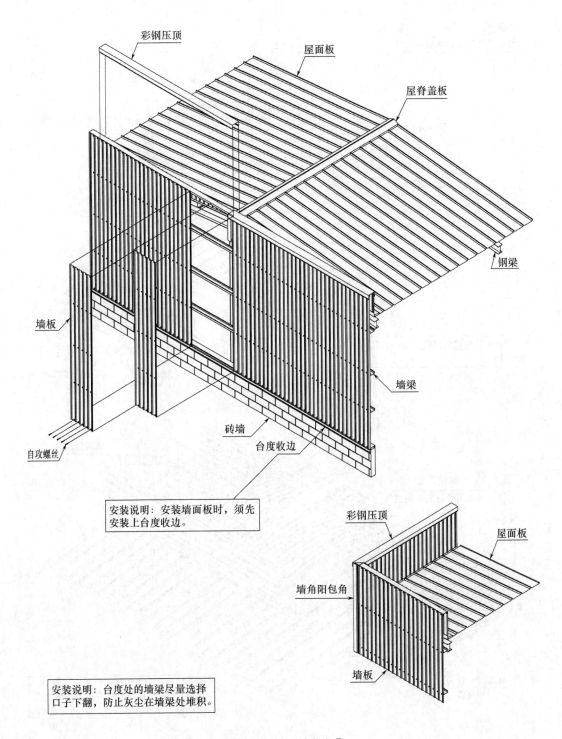

彩钢压顶

屋面板

屋脊盖板

钢梁

墙梁

墙板

砖墙

台度收边

自攻螺丝

安装说明：安装墙面板时，须先安装上台度收边。

安装说明：台度处的墙梁尽量选择口子下翻，防止灰尘在墙梁处堆积。

彩钢压顶

屋面板

墙角阳包角

墙板

图 10 – 12　山墙节点②

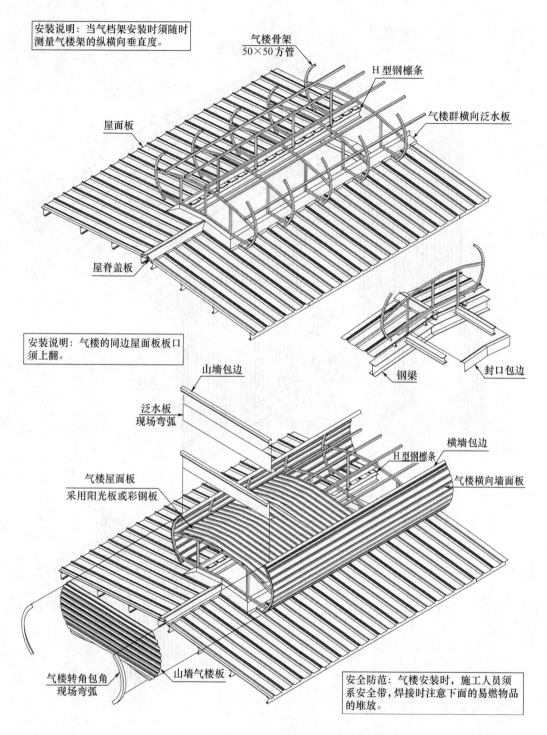

安装说明：当气档架安装时须随时测量气楼架的纵横向垂直度。

气楼骨架
50×50方管

H型钢檩条

气楼群横向泛水板

屋面板

屋脊盖板

安装说明：气楼的同边屋面板板口须上翻。

钢梁

封口包边

山墙包边

泛水板
现场弯弧

横墙包边

H型钢檩条

气楼横向墙面板

气楼屋面板
采用阳光板或彩钢板

气楼转角包角
现场弯弧

山墙气楼板

安全防范：气楼安装时，施工人员须系安全带，焊接时注意下面的易燃物品的堆放。

图 10－13 气楼节点

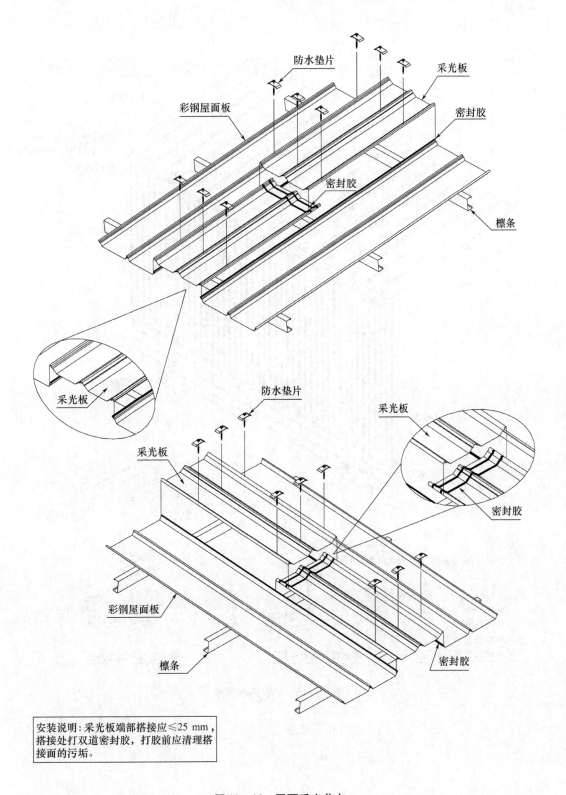

安装说明: 采光板端部搭接应≤25 mm，搭接处打双道密封胶，打胶前应清理搭接面的污垢。

图 10 – 14　屋面采光节点

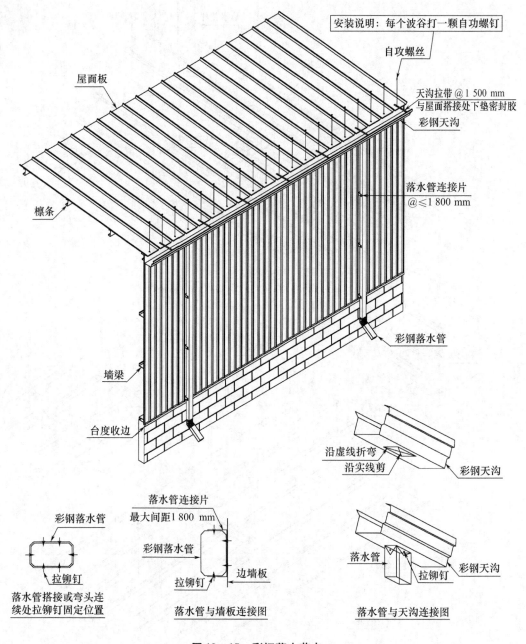

安装说明：每个波谷打一颗自功螺钉

自攻螺丝

屋面板

天沟拉带 @1 500 mm
与屋面搭接处下垫密封胶

彩钢天沟

落水管连接片
@≤1 800 mm

檩条

墙梁

台度收边

彩钢落水管

沿虚线折弯
沿实线剪

彩钢天沟

彩钢落水管

拉铆钉

落水管搭接或弯头连
续处拉铆钉固定位置

落水管连接片
最大间距1 800 mm

彩钢落水管

拉铆钉

边墙板

落水管与墙板连接图

落水管

拉铆钉

彩钢天沟

落水管与天沟连接图

图 10－15　彩钢落水节点

说明：因内衬板横铺时，需加次檩条，故成本要加高，但视觉效果好，板的利用率也要略高与纵铺。建议弧形屋面的内衬板多采用此做法。

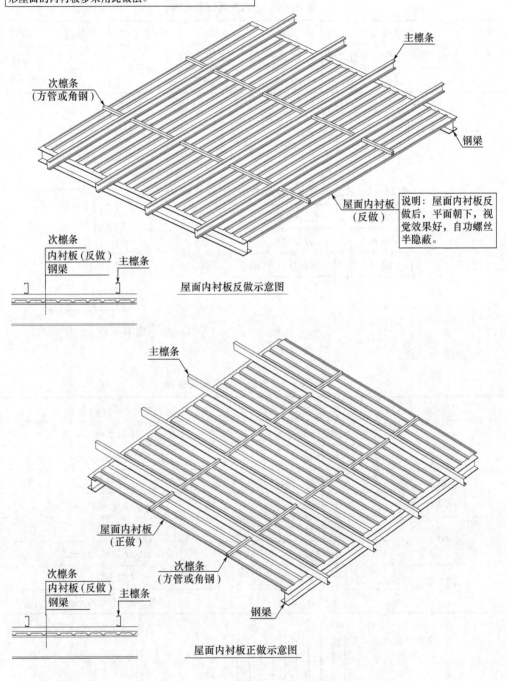

说明：屋面内衬板反做后，平面朝下，视觉效果好，自功螺丝半隐蔽。

主檩条

次檩条
（方管或角钢）

钢梁

屋面内衬板
（反做）

次檩条
内衬板（反做）
钢梁
主檩条

屋面内衬板反做示意图

主檩条

屋面内衬板
（正做）

次檩条
（方管或角钢）

钢梁

次檩条
内衬板（反做）
钢梁
主檩条

屋面内衬板正做示意图

图 10 – 16　屋面内衬板节点

10.2.2 安装标准

1. 止水胶带

表 10-1 止水胶带安装标准

序号	连接部位	宽度	数量	铺设方向	直线度	清洁度
01	屋脊、采光带及板与板之间	35 mm	30 mm	通长	<5 mm	去掉薄膜表面无脏物
02	其他	30 mm	2 mm			

2. 收边垂直度

表 10-2 收边垂直度安装标准

长度 H	允许偏差 Δ
≤10 m	$H/2\ 000$
>10 m	$H/1\ 500$ 且 ≤20 mm

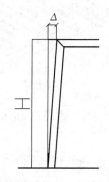

图 10-17 允许偏差

3. 表面平整度

表 10-3 表面平整度安装标准

内容	长度 L	允许偏差 Δ_1, Δ_2
台度	<50 m	$L/2\ 500$
	>50 m	$L/2\ 500$ 且 ≤30 mm
门窗 女儿墙	<10 m	$L/2\ 000$
	>10 m	$L/2\ 000$ 且 ≤20 mm
屋脊	<50 m	$L/2\ 500$
	>50 m	$L/2\ 500$ 且 ≤30 mm
其他	<50 m	$L/2\ 500$
	>50 m	$L/2\ 500$ 且 ≤30 mm

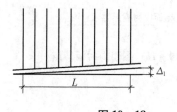

图 10-18

4. 螺钉间距

（1）墙面螺钉：①HL‒820 每凹槽一颗（按墙梁间距要求）；②HL‒373 间距为 373 mm；③其他按设计要求定。

（2）屋面螺钉：每只支座一颗 M5.5×25 螺钉。

（3）女儿墙、门窗、台度、阴阳转角、雨棚等收边螺钉 300 mm 间距。

5. 螺钉直线度

不大于 5 mm。

6. 收边搭接要求

（1）室外收边板搭接长度≥150 mm。

（2）室内收边板搭接长度≥80 mm。

（3）各收边搭接处应搭接严密，不得有间隙（无止水胶带）。

10.2.3　体系收边

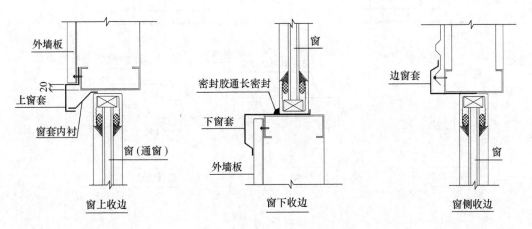

图 10‒19　窗口收边

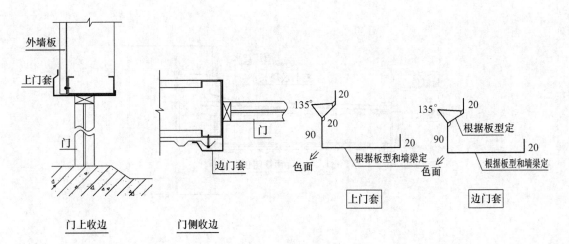

图 10‒20　门口收边

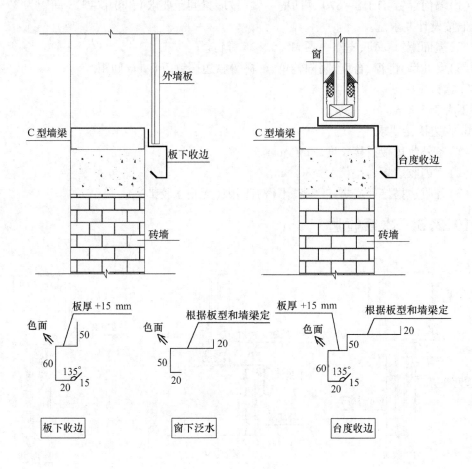

图 10 – 21　台度收边

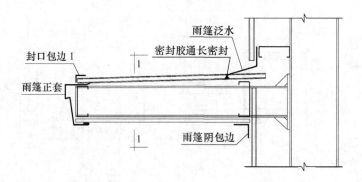

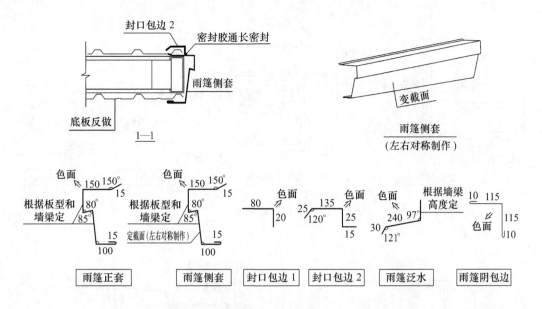

图 10-22　雨棚收边

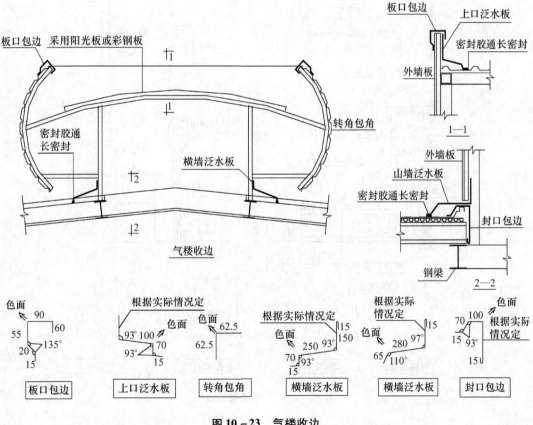

图 10-23　气楼收边

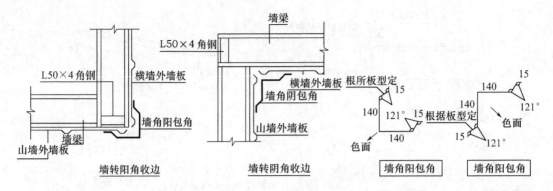

图 10 – 24　墙角收边

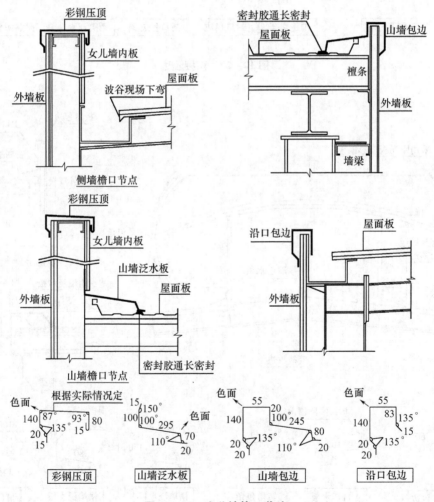

图 10 – 25　女儿墙檐口收边

参 考 文 献

[1]乐嘉龙.学看钢结构施工图[M].北京:中国电力出版社,2006.

[2]中国建筑标准设计研究院.钢结构设计制图深度及表示方法[J].中国建筑标准设计研究院,2007,37(1).

[3]宋琦,刘平.钢结构识图技巧与实例[M].北京:化学工业出版社,2009.

[4]孙韬.帮你识读钢结构施工图[M].北京:人民交通出版社,2008.